獻給我的媽媽，以及台灣所有的母親

島嶼的餐桌

36種台灣滋味的追尋

陳淑華 著

目次

PART 2

歲時的滋味

PART 3

時代的氣味

推薦序一

餐桌上的尋味之旅

王宣一

二〇〇七年的秋天，陳淑華在網路上擺起了她家的餐桌。她原本是在媒體工作的資深報導人，走遍中國大江南北、台灣全島各地，寫過編過不少和土地、文化、生態、歷史相關的書籍和文章，但在生命中的某一天，某種因緣的促動，她開始了飲食寫作。

也許是因為過去訓練有素的田野調查背景，淑華的飲食書寫有她自成一格的文化脈絡，她不但認真追究她家餐桌上的菜餚，也很自然地開始追尋媽媽做菜的手路與滋味，當然更免不了的，廣閱文獻，開啟了飲食上的田野踏查旅行。

幸運的是回首兒時滋味，她的母親仍在身旁，母女每天輪流上菜，當她端出一道菜來，母親也還能端上三道菜，好學愛做的陳媽媽，即使自己不吃牛肉，但仍會為孩子們燉煮一碗牛肉麵，而這份手藝終於最後被淑華接手，她實驗了不同版本的牛肉麵的作法，也變化了一些日式或西式料理，並且帶領著姪輩們一同動手，而她勇於嘗試製作新式料理的母親，更是從她那裡學到了義大利麵的麥香彈牙風格，做出一盤一盤風味獨具的pasta，母女甚至一起參加義大利麵美食競賽，陳媽媽還得到了獎項呢。

雖然她的母親原本不過是一般的家庭主婦，端出的菜色大多是六〇年代閩南家庭餐桌上常見的家常菜，蘿蔔湯、菜頭粿、蒲仔麵、麻油雞、鹹小管、魯肉飯、炒豆芽，但是在八〇年代之後，她家裡的餐桌偶爾也出現一些「淮陽名菜」，有時候端出大盆子的獅子頭或小碟子的腐皮捲，過年時還有一品鍋。原來她的母親曾在台北著名的江浙菜餐廳「秀蘭小吃」打過工，她的阿姨更是秀蘭開創時期的主廚。但不論做哪一種菜色，她的母親卻始終堅持遵循該有的步驟。

以往不起眼的古早味，在今天卻顯得異常珍貴。油粕仔（豬油渣）、扁魚肉羹、清明潤餅、尾牙的米糕糜，或是用水打出來的手工獅子頭等等，甚至當淑華再度回想或品嚐一些以往無法吸引她下箸的菜色，突然發現許許多多童年時未曾珍惜的平凡食材，有著不一樣的滋味。例如大年初一早上母親為他們準備的「春飯」，白米飯配上幾株長長帶紅根的菠菜、豆腐、荷蘭豆和幾粒花生米，味蕾在她成年之後重新在母親的餐桌上被啟動。她愈吃愈嚼愈有味道，逐漸體會出蘊含在食物裡的意義與其中深層的好滋味。

這本《島嶼的餐桌》，記錄的不止是作者家庭餐桌上的日常飲食，也敘說了台灣六、七〇年代典型的家庭餐桌上的故事，作者除附上簡單的食譜與製作的小撇步，還延伸出一篇篇旁徵博引的飲食典故，讓讀者更清楚的明瞭這些食材或佳餚的孕育環境與來歷。

我自己極嗜吃台菜，在雜誌上推薦的美食餐廳小店一半以上都是台菜餐廳或小攤，因此當我捧著這本書稿閱讀或到淑華「我家的餐桌」部落格瀏覽時，常常讓我飢腸轆轆到極點，想立刻拋下書稿到廚房去複製陳媽媽的菜色，當然如果能有機會到她家的餐桌上吃碗鹹粥更好，還有不能錯過筍乾、雞捲、白菜滷……。若能撒點油粕仔一定更香！

（王宣一，作家，台北亞都麗緻大飯店天香樓餐飲顧問）

推薦序二

油粕仔香，憶童年

李金娥

前陣子，北上和孫越先生共同參與一場中小學祖孫週的溫馨座談會，讓我非常感動，也非常欣慰同年輩的阿公、阿嬤為著這時代最需要的這塊幸福基地「家庭」來重整，讓孩子們學習懂得心存感恩、知恩惜福，付諸具體行動、落實生活，達到三代同堂的和樂景象——這也是我十多年來一直在推廣的理念，真是不虛此行。返回台南之前，我以此份喜悅心情與好友夏瑞紅小姐分享，沒想到她與遠流的編輯黃靜宜、張詩薇提出想請我為《島嶼的餐桌》這本書寫推薦序，面對這突如其來的邀約，一時間不免感到有些壓力。

回程在高鐵車廂內，翻閱著書稿，一頁一頁間，翻見了「油粕仔」這一品的出現……噢！好香呀！一晃七十多年前的畫面在眼前浮現，自個兒一笑置之……寫序沒問題，就來寫肉油粕仔吧！

七十年前我五、六歲時，阿嬤、阿母忙著準備常備菜，其中有這道「油粕仔」，當阿嬤、阿母把肉油放入鍋中的那一剎那，哥哥姐姐霸「站」在大灶邊，當時的我無奈的拿把竹椅子，蹬在他們身後，等著油粕仔浮上來，阿嬤一撈起浮上來的油粕仔，哥哥姐姐就不怕燙的一手抓，剩下的一條，就是唯一的一條油粕仔香又脆，讓我永生難忘，回味著年幼的味蕾。十多年前，家庭的課程圓滿修完，在結婚五十多年後開始有計畫的整理生活中的點點滴滴，尤其是家庭料理，整理料理的作法、時代背景，來和現代接軌的健康吃法。

在這十年間，看見了現代人的忙碌生活，外食者多，長久以來，不但在多油、重鹽的外食文化中失去了健康，也疏離了家庭親密關係。二〇〇一年成立了「五柳枝生活文化協會」，透過台菜精髓的推廣，傳承台灣阿嬤的智慧、愛心、關懷、勤儉樸實的精神，創造美味可口的主流台灣料理。這些台灣料理蘊含台灣母愛，其勤儉樸實之特色，成為台灣文化的一部分。以這道充滿老祖先智慧的烹煮底材、配合當令之蔬菜，宛如調色盤般應用無窮、輕鬆自在地讓餐桌增添多樣的佳餚，減輕煮食人的負擔，也可以隨時享受美妙的台灣滋味。

就在不久前，我才在一群外國學生面前示範怎麼榨肉油，而榨完油的「油粕仔」搭配澎湖的小魚乾、七股的蒜頭酥，伴著翠綠的韭菜、鮮紅的烤番茄，只要加點醬油調味、麻油提香，就變身成一道色香味俱全又營養均衡的「好菜」，一下子老外學生就一搶而光，我想要留一點當晚餐也沒有，就好像重現了七十年前的那一幕。

書中作者的母親，年歲與我相仿，一樣走過勤儉刻苦的年代，自然也深諳如何靈活運用手邊有限的食材，為家人張羅出一頓頓美味的飯菜。看完此書內容後，非常欣慰這代的年輕人，好像又走回阿嬤時代的意味。「回歸家庭」響應三代同堂的氣勢已浮現，希望讀者細心的看這本書，細嚐每道菜的味道，也許你／妳也會想動筆寫寫阿嬤、阿母的故事呢！

（Super A-ma 李金娥，五柳枝生活文化協會榮譽理事長）

自序

我家的餐桌，我的田野

起初，我並不知這張小小的自家餐桌，有如此廣大無邊的田野。

長久以來，我一直以編輯採訪為業，誰知到了二〇〇七年夏天，改變的念頭不斷蠢動，卻又不知從何著手。日子一天天流逝，飯還是一餐餐吃著，即使身處這股中年失落的憂鬱裡，無論是母親煮的菜還是自己弄的飯，吃來都仍別有滋味，生命的熱情在餐桌上依舊澎湃著。是啊！在暫別採詢他人生活、編寫別人故事的想望中，就「姑且」依靠一下每天都要吃的飯菜吧！

秋天，部落格「我家的餐桌」架起來了，菜上了，起初只是隨意記錄，啊！這是從小吃到現在的菜，那是大學時才嚐到的滋味，還有這是進入職場以後才出現的嗎？穿梭在這些光陰釀造的菜盤裡，人雖住在板橋，天天活在北部味道裡，但心裡卻總想大學以前在彰化度過的歲月，那歲月裡有許許多多屬於童年，屬於青春期的美味，慢慢的跨越中部時代的滋味，更遙遠的台南食物也進場了，那是父親出生地的特產，祖父母眷戀的家鄉味。

餐桌的尋味，就這樣從自身的回顧開始，依循父親的足跡，走著走著，卻驀然發現母親一直走在前頭。記得，前年冬至，我端出一碗母親煮的雞湯麵線，寫到因母親不肯放棄在彰化養成的習慣，我家除了立冬日，冬至這天也會進補。尤加莉看到了，在我視一年兩次進補為理所當然之事的敘述中，她一眼就看到了我的母親，一個「好有味道」的母親。尤

陳淑華

加莉，以前的同事，從餐桌開張以來，一直支持我上菜的人，她的留言，讓我發現自己寫餐桌的菜，不知不覺勾勒了母親的身影。

是的，這桌菜的靈魂終究還是握在母親的手裡。從水餃開始，歷經獅子頭、牛肉麵、餛飩湯，一直到義大利麵。這一道道菜，貫穿半個多世紀以來劇烈的時代變動，被母親端了出來。母親，一個平凡的閩南家庭主婦，八〇年代初從中部小鎮來到北部都會，歷經一段江浙餐館的打工歲月，她勇於接受不同地域、不同族群的菜色挑戰，甚至在九〇年代全球化席捲的飲食浪潮裡，也沒有缺席的找到屬於自己的做菜姿勢。不過，她自始至終沒放棄自小在彰化農家養成的飲食信念。

這份堅持，過去我沒發現，即使餐桌開張了，尤加莉留言了，還是沒能掌握。直到那天，「鹹小管配清粥」上桌了，身為半個澎湖人的barachi來留言，他說他「和鹹小管也算時常見面，通常都是難以消受那劇烈的重鹹，看來下次也該依樣畫葫蘆地體會一下父輩熱愛此物的心情……」啊！有人要「依樣畫葫蘆」，這曾讓我難於舉箸的鹹小管，有著讓人想體會「父輩熱愛此物的心情」的衝動嗎？母親的鹹小管竟有這般魅力。那魅力裡有著令barachi的父輩和我的母親難捨的堅持嗎？

立夏，隨筆寫下蒲仔麵，自謙對節氣習俗只是考證派的Arkun看了，十分感動仍有人傳承這個習俗。我才恍然大悟，從彰化到板橋，母親努力記得要吃的蒲仔麵如此有分量，當然這也激勵了我的某種「本能」，過去在職場磨練出來的「本能」，面對田野裡的被採訪者（報導人）總想問想追究……

有時，我這個田野採集者也會扮演起報導人的角色，自己下廚，結果端上桌的不是帶著日本和風的洋味、就是濃濃的西方口味，母親的菜我總是煮不來，明明我是吃母親煮的菜長大呀！餐桌因此常出現一些遲疑，一些苦思而上不了菜。

進入盛夏前，身體出了狀況，動了小小手術。沒想到，母親的鱸魚湯，讓我迅速復原了，而一碗不起眼的蕹菜湯，竟讓我找回了平常心。這些菜看似平凡，但就是有力氣，而這種平凡的力氣就是母親飲食裡的堅持吧！

七夕，牛郎織女相會的日子，回到常軌的餐桌端出了油飯與麻油雞，這兩樣母親視為理所當然、年年七夕都會煮的食物，竟為餐桌開啟了另一個視野。

多年來致力於母語保存的台語創作歌手一蕊華聞香而來，她說好多年沒吃七夕的麻油雞與油飯了，還說她的家鄉屏東潮州這天還會吃芋頭湯，七夕吃芋頭湯，我首次聽到，不過，這也讓我想起以前在彰化時，七夕供桌上還有一種中間有凹洞的湯圓（糖粿）。沒想到一蕊華說那是要裝織女眼淚的湯圓！雖沒吃過更不曾見過，不過國中時，她在《千江有水千江月》的書中讀到有關它的描述。一蕊華說，那時她才知有人在七夕這天吃湯圓。

原來兒時七夕吃的湯圓有如此美麗的典故，我竟不知，而對於家鄉為何七夕要吃芋頭湯，一蕊華也不確知，儘管如此，她的七夕芋頭湯與我的七夕湯圓，確實隨著餐桌上母親煮的油飯與麻油雞浮現了。其中也許有時空的脫落或隔絕，不過，同樣的閩南家庭，一在屏東，一在彰化，各自以不同的食物寄託對七夕的想像卻是真實存在著。如此一想，從我家的餐桌望去，我好像看得到一張地圖，有著不同地方不同人家餐桌的樣貌……

九月，想起端午節的粽子。雖搬到北部，但母親綁的一直是彰化時代的水煮粽，就是所謂南部粽。北部的熟米蒸粽，儘管見識過也吃過，但母親從不做。正當我從個人的記憶出發寫五月粽時，月桃葉綁粽從一蕊華的童年回憶出現，獨鍾南部粽的一蕊華說她長大以後才知道有人用竹葉綁粽。而我，如不是吃過台南的花生菜粽，也不識月桃葉。這時曾以「飲饌紀行」做為自己部落格名稱的polanyi來了，家在北部，人在南部工作的polanyi說他比較喜歡一蕊華口中「竹葉包油飯」的北部粽，雖然他的阿母是台南東山人，家裡的粽子是用「傻（水煮）」的。好奇妙的一刻，說自己喜歡那種食物，也要說說自己打哪來，父母又是哪裡人。食物好像會透露人的足跡。

我的「看家本領」一發難收。一碗有祕方的麵上場了，餐桌上的地圖越鋪越遠越廣。這碗母親煮的麵，我從小吃到大，家常又簡單，寫著寫著，寫到了兒時在台南親戚家喜慶場合裡吃過的魯麵。這碗充滿台南古都典雅風的魯麵，竟讓Arkun想到在中國華北吃到的打滷麵，而帶著中國北方味的打滷麵到了台灣就成了polanyi在大學旁麵攤吃到的大滷麵。

這又是一次意外的餐桌地圖之旅，一蕊華的加入讓它更添時代味道。她說小時候沒聽過「魯麵」，倒是對「大滷麵」印象深刻。有次姐姐帶她到鎮公所對面的「江浙小吃部」說要吃傳說中好吃的大滷麵，麵店很吵雜，外省伯伯聽到兩個小學生要大滷麵，不可置信的高聲重複大喊：「兩位小姐要吃大滷麵!?……」大滷麵來了，竟大碗到超乎想像，感覺滿屋子的大人都在看她們，而那麵也不是原先想像的有如滷蛋、滷肉、滷海帶之類的滷醬，竟是酸辣湯加麵……

餐桌的菜繼續上著，旅程尚未結束。十月底，還來了一位高雄女孩花丸子。小時候吃辦桌最渴望吃到的雞捲，母親像變魔術般的讓它在年夜飯上現身，這回花丸子重新將它熱上桌，她說阿嬤捲的最上等，偏偏媽媽不會，媽媽雖是長媳，但阿嬤年紀大了等不及，已將做雞捲的手藝傳給了比媽媽早好幾年進門的嬸嬸，因此，每年的年夜飯，不會做雞捲的花媽總在嬸嬸的炫耀中吞下心酸淚。從花丸子傷心回憶裡的這段家族恩怨，我首次意識到我家餐桌上的雞捲，在台灣家庭餐桌上的地位。

我家的餐桌，從母親做的菜開始，在我的回憶裡，在我的文獻梳爬裡，在這些料想不到的網路共鳴裡，母親對飲食的某種堅持逐漸被勾勒出來，一張屬於台灣土地滋味的餐桌不知不覺浮了出來。

廚房的火依舊開著，飯繼續煮著，用蓬萊米炒出的飯，再平常不過的一碗炒飯，竟炒出台灣島的光與熱。而翻開上個世紀歐美飲食名家的作品，在遙遠美國南方的老派食譜裡，竟有油粕仔的身影。這被許多人視為廢物的油粕仔，到了法國普羅旺斯的肉品店，還被做成地方引以為傲的肉泥醬。原來油粕仔有如此不凡的身價。母親，甚至所有台灣母親做菜的身影，藉著油粕仔上桌，穿越時空，最後竟與世界另一端的母親、老祖母疊合在一起。

這真是一趟又一趟不可思議的旅程，那些母親經年累月煮著的菜，我們吃來平淡無奇的菜，竟道道說得出故事，而自己偶爾下廚煮的菜，雖稚嫩而無名，但卻不知不覺融入自己成長的滋味，流轉其中的又是一個接一個時代的氣味。至此，故事的發展已不只侷限於我個人或者我家……

如今兩年多過去，餐桌的菜要匯集成書，首先感謝我的母親，再來就是常年在餐桌捧場的家人，特別是我最愛的姪子與姪女，以及幾位堅定的熱情「吃客」，還有慷慨將相機腳架借我大半年的友人。當然如果少了格友的激勵，這些菜終究只是被吃下肚，而無法用文字或影像再次烹成可以謹記在心的菜，而格友，除了以上那些不斷帶給我啟迪者，還有常與花丸子拼場的程、熱愛台灣的bigburger，以及在太平洋彼岸的morning、新加坡Iris、法國Sophie Chiang和kimberly、小米媽、喜波桑等散居各地的格友，他們對生命的熱忱因而延伸出對食物的執著，或在異鄉想念家鄉或思念阿嬤煮的食物，都是我的動力。米果的不吝留言更是力量。而在playtime那裡玩樂，總會找回一些已逝的青春滋味也一直銘記在心。啊！記憶所及必有我所疏漏的知味格友和無法點名的潛水客，在此我一併致上由衷的感謝。最後，對於遠流的靜宜與詩薇催生了此書也有說不出的感激。

這回，我為書中每道菜做了更深刻的尋味，希望這種綿延不絕的歲月滋味，能激起更多人的共鳴與想像，在舌尖的想像中，想起自家的餐桌，想起每個人的媽媽、阿嬤，甚至所有生活中的甜美滋味……

尋常的口味 PART 1

炒飯、湯麵、肉豉仔、筍乾、蘿菜湯……這些經年累月出現的飯菜，
看似可有可無，但吃起來卻又有它們無法取代的味道。
而白菜滷、扁魚肉羹、排骨飯等，儘管已成街頭小吃攤上的名物，
但母親煮的總是多一味，
有時是兒時的鄉愁，有時是母親的智慧……
餐桌上這些從小吃到大的菜，雖尋常卻耐人尋味，
就像角落裡那令人難以消受的鹹小管，有著我年輕時嚐不出的生活況味；
還有，走過美國南方與法國普羅旺斯廚房的油粕仔哲學與美味，
也被我嚐出來了……

蓬萊島上的炒飯香。

我無從記憶
兒時媽媽炒的飯有著怎樣的口感，
也許是美食家唐魯孫筆下很難炒透的一團飯，
所以媽媽總是用又紅又黃又綠的色彩來裝點它，
讓炒飯在我的童年
留下一個繽紛的美好印象。

粉紅扎實的哈姆（火腿）、鵝黃滑嫩的雞蛋、鮮綠清脆的小黃瓜。小時候，家裡並不常吃炒飯，但只要一炒飯，媽媽一定又紅又黃又綠的將它裝點上桌，以至於好長一段歲月，一說到吃炒飯，我腦中浮現的就是這副模樣。後來，輪到自己站上爐火前，要炒飯時，也非得找到小黃瓜、火腿和蛋不可，彷彿沒有這紅、黃、綠三色相伴，炒出來的飯就不叫炒飯。

只是不知從什麼時候開始，這三色開始解體，當菜脯、新鮮的高麗菜或者昨夜剩下來的鮭魚等各種唾手可得的菜色，隨意的被加入炒飯的行列時，我才慢慢的發現，炒飯的真正主角是米飯。

以前有人認為廣東增城縣出產的「紅絲苗」，是稻米中最名貴的，其香軟柔潤，鬆散而不沾滯，是炒飯的上選。美食家唐魯孫在《酸甜苦辣鹹》的〈蛋話〉一文中提到：「吃雞蛋炒飯雖然紅絲苗可遇而不可求的，可是米最好要用小占稻、西貢、暹羅、台灣在來一類的米煮飯才對，至於黏性較重的上海大米、此地的蓬萊米，用來炒飯一團一球，既難炒透，更難入味，那還不如吃碗白飯，來得爽口。」不過，真的如唐魯孫所言，台灣的蓬萊米挑不起炒飯的大樑，而只能用在來米嗎？

一八九五年，日本人來了，吃慣了柔軟有彈性的日本米的他們，對於台灣島上原有長得長長的、吃起來硬度十足的米，當然是難以入口。於是，隔年，就有人從家鄉內地移植日本稻種來台，相對於日本稻種，讓他們吃不下肚的台灣本地種便成了所謂的「在來米」。而後歷經大約二十年的努力，日本人終於讓原本生長在溫帶的日本稻種在亞熱帶的台灣落地生根。

一九二五年，為了有別於日本本土生產的稻米，當時的台灣總督伊澤多喜男將台灣栽培出來的日本種稻命名為「蓬萊米」。一九三八年，台灣蓬萊米生產面積

●剩飯搭雞蛋或菜脯米炒出來的炒飯。家裡的剩飯，粳米或秈米，說不定。不過現在不管哪一種，炒起飯來都很可口。

不僅超過在來米，更占水稻總生產（含糯稻）面積的一半以上，成為台灣稻作的主流。雖然當時台灣生產的蓬萊米大多銷往日本，「蓬萊米」這個名稱也不是相對於台灣的「在來米」而誕生的，但在日本殖民政府積極推動農民種植的時代氛圍中，蓬萊米與在來米自然而然也成為台灣民間區別稻米品種的依據。

從科學的角度來看，「蓬萊米」代表的是粳米，「在來米」則是秈米的化身。唐魯孫筆下適於炒飯的紅絲苗、小占稻、西貢、暹羅米皆屬於秈米，而與台灣蓬萊米同樣被拒於炒飯大門外的上海大米則屬粳米的一種。唐魯孫戰後來台時，蓬萊米已成一般家庭餐桌上的白米飯，在來米則大多成為製作米粉與粿等米製品的材料，在人們口中它們原是逕渭分明的，然而時至今日，兩者的界線反倒有些模糊。

蓬萊米從純正的日本稻米品種（粳米）開始，走過選種、雜交的路程，實已混入在來米的秈米基因；而在日

●圓短的日本越光米屬於粳米，近年來在台灣種植成功，它們應該也可以算是新一代的「蓬萊米」。

●目前市面上當米飯販賣的秈米（長米），主要是台中秈10號，這種秈米炒飯吃來乾鬆之間也有粳米的彈嫩口感。

本人的口味改造下，今日台灣市面上的在來米，為了能以白米飯的樣子端上桌，在品種挑選上也不得不向蓬萊米的某種粳米基因特質靠攏。於是向來以強硬內在著稱的在來米，也出現軟化的一面；而有著柔軟內心的蓬萊米，則裹起一層堅彈有力的外衣。就這樣，餐桌上的在來米飯與蓬萊米飯，長短或許還是有別，但吃進嘴裡，似乎不是那麼容易分別了。

我無從記憶兒時媽媽炒的飯有著怎樣的口感，也許是唐魯孫筆下很難炒透的一團飯，所以媽媽用又紅又黃又綠的色彩裝點它，讓炒飯在我的童年留下一個繽紛的美好印象。在那個以「蓬萊米」做為溫飽訴求的時代，想必少有家庭會為了炒飯而刻意煮一鍋唐魯孫筆下的「在來米」飯。如今多少年過去了，炒飯的配料在我家餐桌起了變化，但下鍋炒的米飯卻始終沒變，依舊來自家中每天吃的那一鍋飯。這鍋飯大部分的時候是蓬萊米，偶也可能是在來米，然而不管是在來米或蓬萊米，炒來都

●五彩繽紛的火腿蛋炒飯從童年的記憶走出來，這回它是用蓬萊米炒出來的，鬆軟間跳躍著Q彈的美妙口感。

是一碗讓人越吃越順口的炒飯。

捧著這一碗炒飯，我想昔日從日本移植而來的「蓬萊米」，今應已名符其實地成為台灣的「在來米」。這一個世紀以來，無論如何混種，它終究是為了適應台灣的陽光、風和雨水，為了依歸在蓬萊島的土地上。「蓬萊米」，蓬萊島上的在地米。哪一天，當我再次端出兒時的小黃瓜火腿蛋炒飯時，在粒粒跳躍的米飯間，我想這回我一定會記住它的口感，一種帶著微微溼潤，又充滿彈力的口感，就像蓬萊島上的陽光、風和雨水。

鹹飯比較親切

母親七十多歲了，對他們這一代的台灣人來說，炒飯可能還比不上鹹飯親切。那時哪有什麼剩飯可以拿來炒飯呢，母親說，記得小時候遇到下雨天，作田人無法上街買菜（肉），就會煮一鍋鹹飯給大家止飢；還有空襲時（日治末期二次大戰期間），他們也常鹹飯一煮，整鍋抱到防空洞去吃。

一九四四年，在池田敏雄有關艋舺地區的飲食紀錄裡，也提到大掃除或農忙時，家庭主婦沒有時間買菜，就會煮鹹飯；還有遇到祭典或整修房屋時，得張羅工人的點心，為了省時，鹹飯也常被端了出來。

鹹飯的煮法很簡單，「先在熱鍋中放入豬油，然後放入剁碎的蔥白爆香，這稱為摼香，可使風味更佳。再加進配料、醬油炒一炒，然後把瀝乾水分的生米放入鍋中炒，半熟時加入少量的水，再繼續炒，直到水氣消失。」池田敏雄還說，鹹飯的種類很多，隨著配料的不同，有芋仔飯、高麗菜飯或匏仔飯等等變化，而講究者也可以加入香菇或蝦米，讓鹹飯的氣味更足。

一九九八年，美國人類學學者尤金・N・安德森（E. N. Anderson）所寫的《中國食物》（The Food of China），曾提到近東和地中海地區的米食料理通常先用油炒再煮，作者認為相較於中國的煮飯，這種烹調方式頗為特別也更顯精緻。他說炒需要細心，且要用好油（通常不便宜），顯然是一種製作高檔食品的手法。

雖然母親年輕時代的鹹飯強調的是便利性，但池田敏雄筆下台灣鹹飯的煮法卻神似義大

●←↓香菇、蝦米、肉絲和高麗菜等配料先炒後，倒入生米再略炒幾下，即可加入清水，然後蓋上蓋子蒸煮，新鮮的生蝦要在米飯快熟時再加入，以免蝦肉過老，如此便是一道現代豪華版的鹹飯。

利燉飯（risotto）。義大利燉飯的米也要在油中炒過，只是他們放的大多是橄欖油而非豬油，而用於增添香氣的香辛菜，台灣鹹飯採蔥白，義大利燉飯則常用洋蔥與蒜頭。當然兩者的火候有極大差異，台灣鹹飯強調的是爆香，而義大利燉飯則要慢火炒出香氣，加入米粒的湯汁也要邊炒邊分批倒入，通常一被米粒吸乾就再加，如此一次又一次，直到米熟了；而他們所謂「熟了」的米是要咬在嘴裡柔軟中還帶著扎實的勁道。不過這種用慢火小心燉炒而來的「彈牙」口感，吃到台灣人的口裡卻可能得到「半生不熟」的評語。如此看來，義大利燉飯與台灣鹹飯之間，應該就沒有所謂「高檔」及「精緻」與否的差別了。

其實台灣鹹飯的煮法沒有一定的規則，母親常將米放入配料中略炒一下，隨後即一次加足水分，然後蓋上鍋蓋蒸煮到熟。這種作法又有點像西班牙海鮮飯（paella）與中東的pilaf，只是這兩種將米炒過後加入湯汁直接煮或烤到熟的飯，也像義大利燉飯一樣對米粒的口感有所追求，特別是pilaf，煮好的米飯務求乾鬆，如此吃進嘴裡才能享受到粒粒分明的樂趣。雖然這與米種的選擇有關，但在pilaf的料理過程中，一開始將米放入油中炒，讓米粒裹上一層油脂，為的就是阻止澱粉質釋出，再加上沒有過度的翻炒，米粒不易糊掉，最後便可保持乾鬆之身。

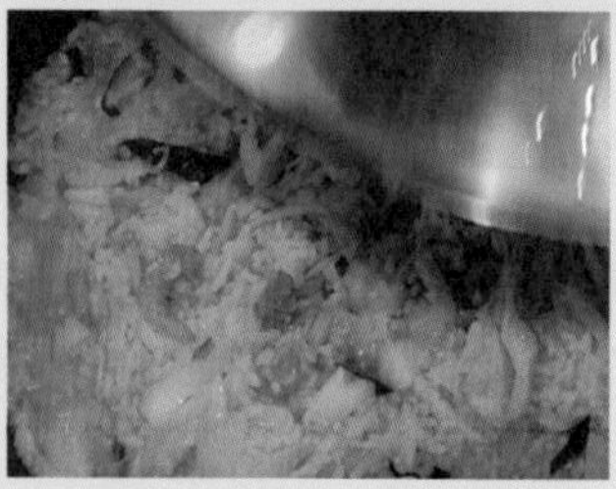

當然這也不是台灣鹹飯所追求的，不管採用的是神似義大利燉飯的作法，還是類似中東pilaf的手法，母親這一代的台灣家庭主婦站在爐火前，思考的是如何在菜色不足或時間有限的條件下，還能端出一道讓人吃來既滿足又安心的食物，我想台灣鹹飯就是這樣的產物。

想吃一碗鹹粥。

就在鍋裡的水要冒出頭之際，
切塊的蘿蔔及時落下，壓住強要出頭的水泡，
那白色的米粒，一旦在滾水中撒起野來，是壓也壓不住的，
一不留神，白色泡沫溢了出來，
我趕緊掀鍋，把大白菜與豆皮埋入其中……
手忙腳亂間，到底會煮出怎樣的鹹粥？

水蓋過前天剩下的白飯，我把鍋往爐上一擺，火開的瞬間，卻興起不煮清粥改煮鹹粥的念頭。母親連著出遊兩天，廚房之事只好自己撐著，偏偏這陣子工作趕著交差，只好讓肚子將就於那一大碗剩飯，第一天挖了一半煮成粥，配了一些現成的小菜，第二天剩下的一半本想如法炮製，但想想還是換個口味，

換鹹粥吧！不過要煮怎樣口味的鹹粥，心裡卻沒有個譜。

突然想起日治末期一九四〇年代創刊的《民俗台灣》雜誌，當中一些講到台灣飲食的文章，常會出現各式各樣的粥，清粥、甜粥外，以鹹味的粥占大宗，我搜尋著記憶，冰箱一翻，蘿蔔粥浮現了。刨刀接手，白色的蘿蔔露出了水嫩的本色。我邊切蘿蔔，邊想單靠它會不會太乏味了？就在鍋裡的水要冒出頭之際，切得大小不一的蘿蔔塊及時落下，將那強要出頭的水泡壓住，躺在廚房菜架上的那顆大白菜也跟著浮上我的心頭。

我隨手扒下了好幾片菜葉，水龍頭的水直衝而下，衝向那漂在盆裡的大張大張葉片，衝得我的心好急，我把爐火轉到最弱最微處，這樣夠嗎？雖然有了蘿蔔和大白菜助陣，我還是沒把握能煮出一鍋好味的鹹粥。目光又一陣搜尋，櫥櫃裡還有一包豆皮，就請它們一同加入吧！鍋再度熱起來，那白色的米粒，一旦在滾水中撒起野來，是壓也壓不住的，一不留神，白色的泡沫溢了出來，我趕緊掀鍋，慌亂之間，將切片的大白菜與成絲的豆皮埋入其中，沒想到動作越急越慌，心情也越是興奮，到底會煮出什麼味道的鹹粥來啊？

好清淡的一鍋「鹹粥」！爐上的火熄了，鹹粥上桌了，我心裡興奮的火苗不但沒滅，還越來越旺，幾滴麻油、一小撮香菜，還有罐子裡的魚鬆與海苔酥，甚至找來冰

箱裡好多天前請客吃剩的幾片烏魚子。香氣、油脂、重重的一抹海味，一碗簡單的菜粥，終於在我舌尖的追逐下堆疊成一碗複雜的鹹粥。

這真是一趟沒完沒了的旅程，腦中不禁浮現過年期間於《文人的飲食生活》一書遇見的、有日本「流浪俳人」之稱的種田山頭火。作者嵐山光三郎稱這位四十二歲出家、享年只有五十八歲的詩人，雖以一杖一缽、一身破舊僧衣的行乞生涯給予世人漂泊詩人的脫俗形象，但事實上，這個看似無慾的人卻是個慾望之人，因此才能寫出珠玉般的俳句。而他那透澈人類根本孤獨滋味的俳句，句句又是飯又是菜的，「甚至可說是飯句集或配菜句集」。

人，沒有進食就無法存活下去。食量很大的山頭火在他的修行日記，幾乎日日記載每天吃下肚的食物，更時時透露餓肚子的恐懼，沒吃飯就無法行乞，行乞彷彿是為了吃飯，為了吃到「美食」而存在。在山頭火的心中，美食有著令人流淚的味道，是沒有經過飢餓的人吃不出來的，最後更認為人間的終極美味，存在於他人施捨給他的食物裡。「我收到充滿施捨喜悅的年糕」、「把收到的秋天吃進嘴裡，撿起來再吃」，還有「別人給的食物的美味讓我心存感激」，這些句子都是山頭火去世那年留下的。到

●這道菜豆胡蘿蔔粥，胡蘿蔔絲與剩飯加水先煮一段時間，再陸續加入生肉絲與菜豆，最後才放菜豆是希望保有它的鮮脆口感，上鍋前可滴幾滴麻油提香。

了死前數天他還為狗銜來一塊年糕，而他的飯被野貓叼走的事，發表了一首「秋夜裡，狗給我食物，我給貓食物」的俳句。

這是種田山頭火一路的追尋，為美食而展開的行乞人生，一步一步接近的既是孤絕的人生風景，也是留在舌尖上活著的滋味。活著是所有味道的根本，它既是最簡單也是最複雜的味道。我吃著我的這一碗鹹粥，腦海裡浮現廚房裡那個手忙腳亂的我，這瞬間我是享受著的，既享受這碗鹹粥，也享受活著的滋味。

以前，我翻閱《民俗台灣》裡的文章，看到各式鹹粥，只將它們當資料，當成米飯難求時代不得不吃的食物。如今再看，不管豪華的肉粥、蚵仔粥，或者以素菜為主的芋頭粥、菜頭粥、米豆粥、菜瓜粥、匏仔粥、金瓜粥，甚至用野菜或野味煮成的蕃椒仔葉粥、烏甜仔粥、米豆仔花粥與伯勞仔粥等，每一種粥都浮現了一個煮粥的人，無論在農家或一般家庭裡，我想，這個人都想竭盡所能利用有限食材，讓單調的粥變化出不同的口味。是啊！即使一碗再簡單不過的鹹粥，也可以承載人們對生活的想望，也可以記錄一種活著真好的滋味。

古早味鹹粥

翻閱日治時期相關的飲食文獻，只要談到飯，大概都會提到那時的人很少吃一整碗純白米的飯，不是在白米飯裡加入地瓜、就是將米煮成粥。「之所以會造成這樣是因為當時稻米很少。」一九四四年，黃連發在〈台灣的粥〉裡曾如此說。同年國分直一所寫的〈農村的歷史與生活──以中壢台地的湖口為中心〉，也提到農村農忙的點心原本都是飯，但二次世界大戰爆發以後，為了節省食米都改成稀飯（粥）。

在珍惜與儉約的心情下，煮粥成了當時一般台灣家庭常見的料理法，但日子再苦也不能一成不變，各式各樣的粥便因而誕生。在黃連發的筆下，鹹粥的變化最多，而由於其出身屏東潮州（當時為高雄州潮州），屬於當地特有的伯勞仔粥也出現了。他說，這是唯一的動物肉粥。抓伯勞鳥大多在半夜到清晨有露水的時候，此時蛇會從洞穴裡跑出來，跟著出來的就是伯勞鳥。而烹調方法和一般煮肉一樣，但如果能事先將肉泡個三天，味道會更好。如今伯勞仔粥應已是歷史名詞，那「好味道」只能留待想像了。

在黃連發的紀錄中，除了伯勞仔粥，還有烏甜仔粥、蕃椒仔葉粥和米豆仔花粥也很特別，這三種鹹粥都是用採來植物的嫩莖嫩葉煮成的，通常是米煮成粥才將它們放入，攪拌五分鐘左右即可。米豆仔花是大豆的花；烏甜仔菜就是龍葵，田間路邊到處可見的野生植物；而蕃椒仔又稱雞心椒，個頭很小卻極辣，小孩吃了會掉淚，不過據說蕃椒仔葉粥和烏甜仔粥一樣都具有祛傷利尿的療效。

在那困乏的年代，人們就是有辦法找到既飽食又安心的食材。文獻裡的鹹粥幾乎無菜不入，而每道鹹粥煮來也各有各的「手路」。不同於上述野菜粥於米煮熟後再放入野菜，芋頭粥的芋頭要先煮至八分熟再放入米一起煮，米豆（大豆）粥的煮法也類似，菜瓜（絲瓜）與菜頭（蘿蔔）粥也都先將絲瓜和蘿蔔煮熟再放米。至於這些材料要煮至幾分熟再放米，就憑個人喜好。

黃連發特別談到金瓜（南瓜）粥，他說這個粥的特徵是有鹹也有甜，是優點也是缺點，因為喜歡的人就很喜歡，討厭者就非常討厭。依黃連發的煮法，南瓜粥也是南瓜煮熟後下米，最後以鹽巴和砂糖調味。

雖然鹹粥的主角常是各式蔬菜，不過也有人如國分直一所說，認為粥「如果能加蔬菜、香料、肉等味道會更好」。池田敏雄談到艋舺的粥料理也提到「在粥中放入各種蔬菜、豆干、蝦米、蔥等」，最後加入醬油調味煮成鹹的。王瑞成也曾寫到鹹粥是一種雜炊，將米與蔥末、蝦、肉一起以油炒過，加水調味煮成，再依需求加入各種不同的菜蔬。黃連發在〈台灣的粥〉裡除了對單純的「菜粥」著墨甚多外，也提到有一種鹹粥，以豬肉、魚、乾蝦、香菇、乾魷魚煮成，最後放上香菜或芹菜末，再撒點胡椒粉，味道會更好。有別於一般清淡的菜粥，這種鹹粥常做為農忙時的點心，也跟當時市面上所賣的鹹粥如出一轍。

鹹粥是台灣貧困時代的產物，人們忌諱將它端上喜慶的餐桌（只能當喪葬時的點心），但在市井小民舌尖的歷練中，它卻創造了一頁豐富的歷史。

●我家的南瓜粥以剩飯煮成，通常米飯與切小丁的生南瓜一起下鍋，飯熬成粥時南瓜也熟爛了。

有祕方的一碗麵。

我家餐桌不時可見的一碗碗湯麵，多是靠母親的即興演出，
常常前一天吃剩的香菇炒肉絲或肉燥，
在一瓢清水中，湊和著麵條及一把青蔬，
一碗熱騰騰的湯麵就這樣從媽媽手中端了出來。
當然有時即興會轉調成刻意，
於是精挑的食材便輪番進場……

我從小就很喜歡吃麵。環顧周遭的同儕，五年級生的我，擁有約一米七的身高，媽媽總說這是拜吃麵所賜。

記憶中，爸爸是一個三餐米飯沒下肚就不算吃飽飯的人，不過，即使如此，除了年節時必定出現的炒麵，我家餐桌還是不時可見一碗碗的湯麵，而這大多靠母親的即興演出，常常前一天吃剩的香菇炒肉絲或肉燥，在一瓢清水中，湊和著麵條以及一把青蔬，一碗熱騰騰的湯麵就這樣從媽媽手中端出來。

當然有時即興也會轉調成刻意，市場裡精挑的蛤蜊、蝦子、丸子、花枝以及各式青蔬，隨著季節的心情變化也常被媽媽輪番請進場。這是一碗可奢可儉的湯麵，而我就在它的變化多端裡，從小吃它，吃到大，吃到如今的中年。

那天吃著這麵，吃著吃著回味裡不禁想問，這碗麵的味道是我家獨有的嗎？媽媽煮麵的這般姿勢是她獨創的嗎？結果翻箱倒櫃，從以前收集的一些台灣俗諺資料裡，竟然在第三十一期的《台灣文獻》看到以下這段紀錄：

「閩南將麵條煮熟，再以豬肉、香菇、蔬菜、金針等煮熟加落粉，取麵淋以此湯汁，叫做『滷麵』。台灣則將麵（和配料）一起混煮，則麵較爛，叫做『麵羹』。」

這是作者姚漢秋在一九八〇年發表他所採擷的台灣生活用語時，不經意地與原鄉閩南做的比較。閩南的滷麵移植到台灣，應該就是我兒時在台南親戚家的喜慶桌上吃到的「魯麵」（誰知這原本只有在人生特別場合才吃得到的珍味，今已成台南小吃攤上人人隨時可品嚐的美味）。而將麵與菜一起混煮的麵羹，不就是媽媽煮的這一碗麵。「麵羹」，啊！「麵羹」！這個文獻中的生活用語，突然活過來，不僅喚醒我兒時的記憶，也讓我手中的這一碗麵有了「分量」。

●先炒料然後加水煮成一鍋湯，湯裡可放入蛤蜊提鮮，最後再下麵條，要起鍋前隨意加一把青菜即成。

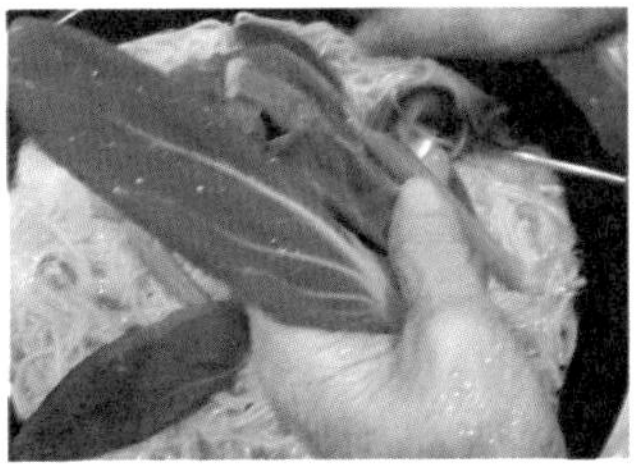

記得住在彰化時，我們好像叫這碗麵「大麵羹」，那時彰化的市場幾乎見不到油麵，賣的是一種生的黃麵，這種被人叫做「大麵」的生麵一下鍋，與菜一混煮，很容易糊成濃濃的羹狀，「大麵羹」的名字便自然而然被叫了開來（至今台中街頭仍有人賣著大麵羹，並以它為特色小吃）。家遷至北部後，大麵消失於市場的角落，取而代之的是油麵，熟的油麵，入鍋的時間不需太久，這碗麵的湯便因而越來越清，清到讓我忘記它曾叫做大麵羹。

不管「大麵羹」或「麵羹」，相對於來自滷麵的「魯麵」，它應該就是在台灣土生土長的一碗麵，儘管各地各時的麵條不同、菜色不一，不過，當那菜與麵混煮在一起時，台灣媽媽們站在廚房裡的姿勢竟不約而同了，一碗充滿台灣記憶的麵便如此被端上桌。

「麵煮好了，趕快來吃！」吃飯時間聽到媽媽這樣的喊聲，總讓人的飢腸更加轆轆，不知這回媽媽放了什麼料，好期待喔！念國中的姪子雖遺傳了阿公沒有米飯就吃不飽的基因，但每每遇上阿嬤煮的麵，他的胃也沒輒地投降了！儘管這是一碗台灣媽媽們共同創造出來的麵，但我想每家媽媽都留有一手，才能讓家人百吃不厭。不要忘了，像我家的這一碗麵就藏了母親的獨門祕方，我才可以長得這麼高啊。

母親的手路

適合煮大鍋麵的麵條

到底哪種麵適合煮大鍋麵？以前在彰化時，母親都用大麵。根據文獻，昔日閩南有「打麵」一詞，指的就是以黃鹼和鹽發麵，然後用洗淨的雙腳將之踩出黏性再置於大木板上，以麵棒桿之，麵桿的一端固定在壁上，人就坐在麵桿上，往左右兩邊各自旋轉慢慢壓桿麵團，直到麵團成為一張薄薄的麵皮，最後摺疊切成麵條，麵條旋即落入滾水鍋中，滾幾下即撈起。早期尚未機械化生產前，加了鹼的彰化大麵或許也是這樣打出來，不過它沒有下鍋而以生麵的型態販售。

日治末期的文獻也有大麵的紀錄，只是麵條從滾水鍋撈起後，會置入冷水中冷卻，瀝乾水分後以花生油拌勻。這種外表潤澤的大麵神似今日的油麵。

據說打麵打出來的麵，柔軟有彈性，久煮不爛。為什麼呢？關鍵在於加了可增加麵條彈性的黃鹼，而黃鹼在文獻裡也稱焿油，這種將雜木燒成灰而後從中提煉所得的植物鹼，連橫的《台灣通史》也記有一筆，不過它雖可調食但也帶著毒性，尤其是使用過量時。也許因為這樣，有人便藉鹽、雞蛋，甚至陽光之力讓麵條吃來彈力十足。源自福州的意麵就是加了雞蛋而製成的；台灣原汁原味的「關廟麵」則是仰賴南部烈日晒出它的彈性。

我家那鍋「大鍋湯麵」，母親從彰化大麵煮起，也換過不少其他麵條，現在雖還是常以油麵入鍋，不過總結就是經台灣南部陽光歷練的關廟麵最耐煮，最適合煮成一鍋全家人一起吃的湯麵。

●關廟麵

大滷麵與魯麵

在台灣，大滷麵可能比魯麵更為人知。一九四九年國民政府撤退來台，許多北方人隨之而來，也將他們家鄉的麵點大滷麵帶進了台灣，使得台灣街頭的北方麵館或者一些帶著外省口味的陽春麵攤都看得到它的身影。而魯麵，則是台南地區家有喜慶時人們才會端出來的麵點，並不是所有生活在台灣土地上的人都嚐過它的滋味。

大滷麵，在中國北方原稱「打滷麵」，唐魯孫在《酸甜苦辣鹹》書中稱它傳至台灣後被講台語的台灣人叫成「大魯麵」；「魯」與「滷」音不分，唐魯孫所謂的「大魯麵」就是「大滷麵」。這種中國北方傳來的打滷麵和台南的魯麵作法應該相差不多，就是將配料一一料理過後煮成一鍋，然後勾芡成滷汁淋在熟麵上，而這動作就叫做「打滷」。記得以前台南親戚準備材料煮魯麵時也會說「打」魯麵。不過，因為南北地域的差距，兩者的用料可能有些差異，連所用的麵條也有所不同，台南魯麵慣用油麵；打滷麵的麵條按照唐魯孫的標準，則以今麵攤的陽春麵粗麵條最佳。

在唐魯孫的書中，他談及打滷得講究好湯，「既然叫滷，稠乎乎才名實相符」，而且「一碗麵吃完，碗裡的滷仍舊凝而不瀉，這種滷才算夠格」；最後他還寫到昔日北京積石潭附近一家鋪子裡賣的打滷麵，「人家勾出來的滷，除了凝而不濁外，而且腴潤不濡，醇正適口，調羹妙手，堪稱一絕。」在如此盛讚中，我看到打滷麵從家常麵晉升到老饕口中的小吃，講究的是滷汁勾得好不好。而這就是它與台南魯麵的差別嗎？對於小時候在台南親戚家吃過的魯麵，記憶裡留存的印象就是用料十分的豐富，扁魚的香味中有肉有蝦，喜氣洋洋！至於羹稠不稠好像沒有很在意？

台南魯麵比起北方的打滷麵，更強調菜色豐富嗎？那天翻閱《彰化縣的飲食文化》一書，發現古老的鹿港麵食裡也有類似魯麵的作法，老師傅稱它為「錦魯麵」，是一道手工繁複的麵點，不是人人都做得來，煮這道麵一次要用三個鍋，一個煮淋湯，一個燙麵，一個熬骨仔湯，「主要材料是肉羹、花枝、魷魚、筍、香菇、蝦仁、干貝、荸薺，首先麵先燙好後放入碗裡，再舀一匙骨仔湯放入另一鍋中，將上述配料放入湯裡煮，加入一顆蛋花，再以地瓜粉勾芡，將勾芡好的湯舀入麵中，因為有六、七種顏色，所以又漂亮又美味。」老師傅的回憶裡雖然也少不了勾芡（牽羹）的動作，但他更重視的毋寧是整體的平衡與豐富吧，而且還特別強調每一碗錦魯麵都要現做，口感才會好。

不管是魯麵或錦魯麵，它們都在清代就隨著漳泉移民從原鄉來到台灣，在台南因為落實成嫁娶喜慶等場合必吃的食物而留傳下來；在鹿港則因為發展成料理店或小吃攤上的食物，作法繁複，一般人家未必會做，所以難免經歷失傳的危機。如今台南魯麵走出家庭成為一道台南小吃，而鹿港的錦魯麵也有店家重新推出。

至於打滷麵，雖然早在大陸時期即是美食家追求的小吃，但也常有人以其豐盛面貌，將它當成家中特殊節日時吃的一道盛點，在《偉忠姐姐的眷村菜1》，作者就寫到他們一家人過生日時吃的不是蛋糕，而是打滷麵。不過，打滷麵做為小吃，以「大滷麵」之名，在台灣短短半個多世紀的歲月，「蓬勃發展」之餘，有時卻走味成酸辣麵，但願復出的鹿港錦魯麵或成為街頭小吃的台南魯麵，不要走上同樣的路才好。

大口吃排骨飯。

吃下一口柔軟中仍保有嫩勁的排骨肉後，
我最想跟著來一口的，是與它一起滷的蛋酥，
在飽含豬肉鮮甜的滷汁浸潤下，
蛋酥原有的膨鬆酥脆竟轉化成一種彈力，
讓人越嚼越香越起勁——
那是一種欲罷不能的味道，甚至讓我忘了主角排骨的存在。

不管怎麼吃，我就是喜歡吃母親煮的排骨飯，說它是煮的一點也不為過，因為那排骨不同於坊間大部分只用炸的，它還經過一番小滷。

一塊塊帶骨的豬里肌肉在蒜頭和醬油混成的醃汁裡稍稍停留片刻，裹粉入油鍋炸成半熟的豬排後，一鍋以糖、醬油和水調成的滷汁正等著它們。爐火續燃，經過二、三十分鐘的慢火滲透，豬排外層的酥皮吸足了湯

汁，也退去了厚厚的油氣，而包覆在其中的肉熟得剛剛好，一口咬下，柔軟中仍保有肉的嫩勁，最重要的是在醬油味滷汁的單純維護下，豬肉本身的鮮味一點也沒有流失，反而得到提升。

而吃下這一口肉之後，我最想跟著來一口的，是與它一起滷的蛋酥，在飽含豬肉鮮甜的滷汁浸潤下，蛋酥原有的膨鬆酥脆竟轉化成一種彈力，讓人越嚼越香越起勁——那是一種欲罷不能的味道，最後，甚至讓我忘了主角排骨肉的存在。

上大學以前，在彰化老家，我一直以為排骨飯就是長這副模樣，而且排骨飯一定會搭蛋酥。後來，才知道這是我家特有的，或者應該說是小時候彰化老家附近，一家叫「三美飯店」的餐館所特有的。

在一九六〇、七〇年代，稱為「飯店」的這家餐館，其實只是間小小的飲食店；不過，在那外食機會少得可憐的勤儉時代，這家飲食店在我們小孩子的心中，真是一間不得了的「飯店」。

當時街坊鄰居都與老闆一家人熟識，大人聊天時，我們小孩就在一旁鑽來鑽去，有時一鑽就鑽進了「飯店」的廚房裡。在那兒，我常被還冒著熱氣的一桶桶白米飯給吸引住，蒸騰的熱氣間，飄散著帶有天然木桶味的飯香，讓人忍不住大口一吸；更誘人的當然是從裊裊煙霧中浮現的，那一大

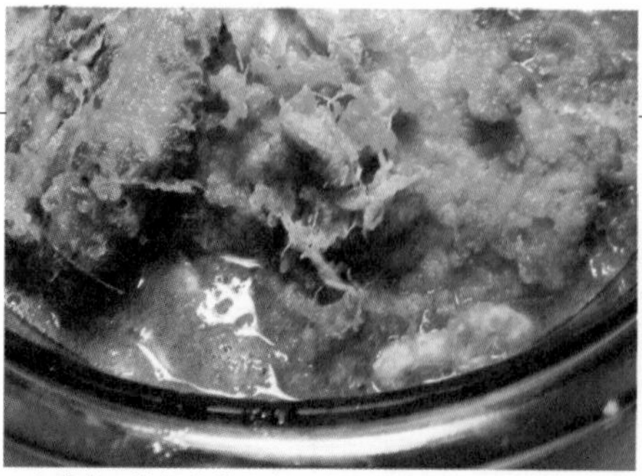

●在我家，炸好的排骨肉一定要與蛋酥一起滷過，才能配白飯稱為排骨飯。

碗一大碗等著端給客人吃的排骨飯，那近在眼前、有著蛋酥的排骨飯，任憑我們看到口水流滿地也吃不得。

一切只能等，只能耐心的等待，等到那天家裡真的來了客人，母親來不及張羅飯菜待客時，我們才可能吃到那渴望已久的排骨飯，那時母親會要我們去隔壁「三美飯店」叫排骨飯來請客人吃，順便也多叫一碗解我們的饞。

後來，也許是這樣的機會太少了，母親看著孩子們渴望的眼神，乾脆自己動手做了起來。於是，原本有客人來才享用得到的排骨飯，終於慢慢成為我家餐桌的日常飲食。

多少年過去，我們搬離彰化已有數十年，那家「三美飯店」也早在我們搬家之前就不見蹤影。今天的彰化街頭雖仍有人賣著滷排骨飯，但那有著蛋酥的滷排骨飯卻不知何處尋覓。是啊！對我來說，光是油炸而未滷過的排骨不算排骨，少了蛋酥的排骨飯更稱不上是真正的排骨飯。不知不覺中，每次吃著母親煮的排骨飯時，我最想大口咬下的是那滷得飽滿多汁的蛋酥，在蛋酥勁道十足的彈力牽引下，我總會想起兒時的彰化，每一口似乎都含著鄉愁的滋味……

母親的手路

怎麼炸蛋酥與排骨

蛋酥，台語稱為「卵燥」，常見於許多台灣料理中，例如有些地方的潤餅餡料，或是宜蘭有名的西滷肉（作法有點類似白菜滷），都是以它來提香並增加酥脆的口感。

蛋酥的製作，首先將蛋打成均勻的蛋汁，鍋裡的油熱了以後，順著網杓的洞，讓蛋汁均勻的滴灑入熱油中，然後用鍋鏟或長筷順著同一個方向迅速攪動，如此炸出來的蛋酥才會膨鬆而不結塊，當然油也一定要夠多，才可能炸出酥脆香濃的成品。

炸過蛋酥的油剛好就用來炸排骨，排骨取帶骨的豬里肌肉，先用醬油、蒜頭與少許胡椒稍醃，沾上用麵粉與太白粉調成的乾粉，以中火炸之。最後將炸好的排骨與蛋酥一起放入以清水加醬油、還有少許糖調成的滷汁中，滷個二、三十分鐘即可。

我要吃肉豉仔。

大火一開，蔥末爆香，
冰箱裡抓來的絞肉先炒開來，
油蔥酥一放，醬油一淋，翻轉之間，香氣四溢，
或濃或淡，再借清水之力，然後鍋蓋一蓋，小火接續激勵。
最後，喚來又白又綠的蔥花點綴，
就是我家常見的「肉豉仔」。

記得以前我都叫它「肉豉仔」（bah-sinn-á），不知從什麼時候開始，它有了各種不同的名字：肉燥（臊）、肉魯（滷）或者魯肉，而將它淋在白飯上，又有了「肉燥飯」或「魯肉飯」的名稱。也許，就是因魯肉飯與肉燥飯的招牌滿街跑，讓母親常煮的這一道肉豉仔在我家失去了它原有的名字。

週六的中午，有時，姪子上完英文課，會跑來阿嬤家吃午餐，做阿嬤的人，在姪子到來前，突然發現菜色太少（或者應該說姪子喜歡的不夠多），便快手快腳再下廚煮一道菜。這時，被母親端上桌的常是「肉豉仔」——姪子看到會沒輒的「肉魯」。聽說碰到假日隨父母外食時，他最常點的就是魯肉飯。

記得每回看美食報導，介紹到一些老店或者出名的魯肉飯時，總會強調他們的肉魯或肉燥是如何的「精雕細琢」，如何的「慢工出細活」，但對照母親的「手勢」，她卻常是短短一、二十分鐘便讓它出菜了。大火一開，蔥末爆香，冰箱裡抓來的小坨絞肉先炒開來，油蔥酥一放，醬油一淋，翻轉之間，香氣四溢，或濃或淡，再借清水之力，然後鍋蓋一蓋，小火接續激勵，時間緊迫時，近一刻鐘便可掀蓋起鍋。最後，興致來時，可喚來又白又綠的蔥花點綴點綴，這就是我家常見的「肉豉仔」。

肉豉仔一上桌，姪子大叫：「肉魯！肉魯！」那天，跟姪子一起吃阿嬤煮的魯肉飯，吃著吃著，很想寫這滋味，不過，「魯肉」、「肉魯」一下筆總覺得缺了什麼味，想啊想的，才從遙遠的記憶裡掏出「肉豉仔」。

「肉豉仔」啊！為什麼叫「肉豉仔」？「豉」是「豆豉」，也就是「蔭豉仔」嗎？有人說肉豉仔就是用肉末或碎肉加鹹鹹的豆豉炒出來的。那在無所不能的台灣媽媽手上，既然可以是豆豉，當然也可以是醬油。而醬油也算是一種豉汁吧！

追究「豉」這一物，熟豆在蔭屋中發酵製成，可淡可鹹，而鹹味之外又多了甘味。漢

●香菇丁炒香，加入絞肉炒開後，撒入一些油蔥酥續炒，再加入醬油，最後以清水調整肉豉仔汁的濃淡。

代《釋名・釋飲食》稱：「豉，嗜也。五味調和，須之而成，乃可甘嗜也。故齊人謂豉，聲如嗜也。」於是今日「豉」字同「嗜」音。在漫長的歷史裡，豆豉是製作豆醬過程中的產物，慢慢從中又歷練出醬油。而豆醬的誕生又淵源於古代的「醢（ㄏㄞˇ）」。醢，肉醬也，一種發酵過的肉醬，起初是帝王倚重的一道菜，後來成為一種調味，隨之而來的是各種不同食材製成的調味醬，豆醬便是其中之一。

肉豉仔，那新鮮的絞肉在鍋裡翻炒燜煮，雖然還來不及發酵成「醢」，但無論是豆豉還是醬油，只要有這種經百年千年光陰才釀出的調味上場，肉豉仔瞬間也可以比擬古代帝王品嚐的「醢」。嗯！姪子口中大叫的「肉魯」，還是要稱「肉豉仔」，才能展現出它那「鹹中帶甘」的千年美味。

以前總覺得母親轉手之間端出來的這肉豉仔，味淡了些，但日久吃下來，反而覺得在下飯之餘它還多了一味。那就是在淡淡的鹹與微微的甘之外，還保有一種新鮮的肉香，那可是外頭的魯肉飯所沒有的，更是古代帝王在「醢」裡嚐不到的。

母親的手路

家庭版肉豉仔的各種變奏

肉豉仔跳脫坊間肉魯與肉燥的束縛，回歸到一般家庭，其實可以有各種作法。在我家，母親除了快手煮出油蔥醬油味的肉豉仔，夏天來臨冬瓜盛產時，她也端出過一味冬瓜肉豉仔。

首先冬瓜切塊鋪在盤底，豬絞肉以醬油調味，並伴入蔥花，再放於冬瓜上，最後以電鍋蒸之，這真是夏日最清淡有味的肉豉仔。有時為了讓味道更鮮，母親會取來一、二顆干貝剝散，加入一些米酒，放進電鍋蒸一會兒，然後取出加入調味過的絞肉裡，再置於冬瓜上入電鍋蒸。如此一來，這兼具山海之味的肉豉仔，真是夏日無可抵擋的下飯菜。

台語創作歌手王昭華也提供她珍藏的肉豉仔作法，首先絞肉裡丟進拍碎的蒜頭，然後倒入醬油、水和酒，再放電鍋裡蒸即可，她說醬油和水的比例可依個人喜好決定。當然也可加入香菇絲或末，然後連泡香菇的水一併倒入，這就成了她心中所謂「純醬油純蒜味純肉味的肉豉仔」的升級版。

除了這「很簡」的肉豉仔作法，來自高雄的網友花丸子也有屬於她們南部家族的作法。她說她的母親為了追求口感，會要求以一半絞肉一半切丁的肉製作。而她的舅媽更厲害了，還會吩咐魚攤給上好的黑鮪魚，煎熟後剁細加入肉豉仔裡，這可比她媽媽加冰糖、油蔥酥的作法更勝一籌。至於她鄉下的大姑姑則會在肉豉仔沸騰時加入漢藥店抓來的幾錢甘草、八角，說是可以讓氣味更甘甜更好。

看似平凡的肉豉仔到了每個家庭，都有讓人大展身手的空間。

豬油的光芒。

我知道，只要有一點點的豬油，就可以炒出豆芽爽脆的美味。
在那豬油的芳香裡，
我可以想像法國鄉村廣大無邊的葡萄園，
想像農民粗獷的臉，想像兒童天真的笑聲，
他們口中散發出豬油香氣的麵包，
似乎與我童年的那碗豬油拌飯交疊在一起……

炒豆芽，一年四季都炒得來，在蔬菜荒時，它更常以救急的角色，被媽媽推上餐桌。我喜歡它那爽脆的口感，一口咬下，沙沙如奔放的湧泉，更喜歡它那流動在飽滿汁液裡的甜味。那股甘甘的甜味，是媽媽用豬油炒出來的。

對許多四、五年級生來說，一講到豬油，所有的記憶好像都會濃縮在豬油拌飯上。我的童年記憶雖也不乏豬油拌飯，但蓋在熱飯上的濃濃蛋黃以及淋在白飯上的濃濃醬油膏，搶去了大半的光彩，以致真正留給豬油的記憶空間相當的少。在那碗童年記憶拼湊的豬油拌飯裡，也能吃出此刻炒豆芽這般甜甜的氣息嗎？

儘管時光隧道裡的豬油味不可捉摸，但我確實是讓這種帶著甜味的豬油氣息給餵養長大的。小時候的餐桌雖不時也會飄出花生油的味道，但用大塊又便宜的肥豬肉榨出來的豬油香才是主流。儘管日後在講求健康飲食的時代趨勢下，面對沙拉油的橫行，它也曾絕跡於我家的餐桌一段時間，不過，那種豬油的氣味對媽媽這一輩的家庭主婦來說總是放不下，於是經過豬肉攤時，有時不免會被那一大塊肥豬肉給拉住，最後往往就將它拎了回家。餐桌的炒豆芽或炒青菜，就這樣又泛起豬油的光澤，一種泛著甜味的光芒。

原以為這道光芒只存在像我家這樣的閩南餐桌上，多年前翻閱英國飲食作家伊麗莎白・大衛（Elizabeth David）的作品選集《南風吹過廚房》，沒想到在橄欖油、九層塔、茄子和大蒜寫成的地中海風味，以及普羅旺斯一派歐洲田園的想像裡，也藏著豬油的光芒。近日，嚐著媽媽的炒豆芽，享受著豬油的香甜，遙遠歐洲南方的那幾點光芒，突然又在心裡閃了起來，讓我不禁又將伊麗莎白・大衛的書拿出來讀。

「在有鍋蓋的厚重燉鍋中熱油，若用烤箱肉滴出來的豬油更好。」從這道用肉類（牛、豬或兔不拘）以及大量紅蘿蔔共熬，於法國鄉間被稱為「梅鐸紅酒醬（sauce au vin du medoc）」的燉菜，我看到豬油在伊麗莎白・大衛的筆端閃著光芒。在《義大利菜》一書中談到佛羅倫斯烤肉這道菜時，她也一再強調，最後肉烤好了，肉汁千萬別倒掉，因為冷卻以後它的「上面有相當好的豬油」！

而在介紹法國西南部一道以鑲黑松露而聞名的豬肉料理——「佩里戈爾式豬腰肉（Enchaud de Porc à la Périgourdine）」時，伊麗莎白・大衛同樣不惜筆墨的寫著烹調過程中流出來的豬油。「倒出來充滿香味的油脂可以塗在烤過的法國麵包切片上，在休息時間給小朋友吃，就像我們用吐司沾牛肉汁吃一樣。」最後，她更意猶未盡的藉由《佩里戈爾美食》（La Bonne Cuisine du Périgord）一書作者拉瑪濟勒（La Mazille）說，在葡萄盛產期雖沒有松露，但當地人也會做這道菜。「把麵包塗上油脂，加上一片冷豬肉與醃黃瓜，可以在收割休息時當點心。」

伊麗莎白・大衛這一筆又一筆的豬油風土記，距今約有半個世紀的歷史，我不知如今一切是否安在，不過在我的閱讀裡，在某個遙遠的

●用剛榨好的豬油，順便炸油蔥酥，油蔥酥完成撈起後，豬油也多了一道油蔥的香氣。

歐洲時空，不管是葡萄園裡的農民，還是嬉戲中的兒童，他們口中散發出豬油香氣的麵包，似乎與我們童年的那碗豬油拌飯交疊在一起。

清代的袁枚在中國文人雅士奉為美食圭臬的《隨園食單》裡，寫到豆芽時，說「豆芽柔脆，余頗愛之。炒須熟爛，作料之味才能融洽。可配燕窩，以柔配柔，以白配白故也。然以極賤而陪極貴，人多嗤之。不知惟巢、由正可陪堯、舜耳。」在袁枚心中，豆芽配燕窩，以柔配柔，如隱士伴聖君，是極賤陪極貴的最佳美食呈現。

我不愛熟爛的豆芽，不識燕窩的極貴滋味，也不知誰是隱士誰是聖君，但我知道只要有一點點的豬油，就可以炒出豆芽爽脆的美味。在那豬油的芳香裡，我可以想像法國鄉村那一片廣大無邊的葡萄園，想像農民粗獷的臉，想像兒童天真的笑聲，在想像的盡頭，我童年裡的那一碗豬油拌飯也再度浮現。好想動手做一碗豬油拌飯，這一次，我一定要好好記住飯裡豬油的味道。

豬油的力量

一九〇三年，台灣成為日本殖民地八年後，市面上出現一本《台風雜記》的書，這是日本人佐倉孫三據其在台三年經驗寫成的，書中談到他初到台灣，上街用餐走進料理店時，雖然桌上的食物都很美味，但無論什麼菜都是用油熬煮出來，讓他不禁罵道：「是非食穀，食油也！」而對於台灣這種無菜不用油熬的食物調理法，搞得街上室內到處「油氣浮浮然」，最後連人都沾得一身油氣的情景，更讓他難以忍受。不過，儘管起初百般厭惡，最後佐倉孫三的腸胃竟然適應了，而對於這樣的結果，他還「稱奇」了一番。

與佐倉孫三同時代來台的日人大概都有過如此令人稱奇的經驗。日本人嗜食蔬菜與魚肉，向來以「清淨無垢」的飲食自許，為何最後可以接受令他們不悅的台灣飲食？佐倉孫三的朋友在《台風雜記》中就曾對此有所觀察：「聞天候溫熱之境，不食油與肉，則體氣枯瘦，不堪勞動；台人之調理法，蓋有見於茲歟？」

一九四四年，與佐倉孫三的年代相隔了四十年，畢業於京都大學的國分直一在台已居住了十年，他穿過油氣浮浮然的市街，走進台灣農村，然後在〈農村的歷史與生活〉一文中提到：「對於農民來說，油是最重要的料理品，如果去掉了油，農民的飲食生活將不能成立。」而那「油」主要就是指豬油，雖然農家也會使用花生油（火油），但花生油不像豬油可以自己榨，得到市街的油車行購買，因此用的機會就少了。

在國分直一發表〈農村的歷史與生活〉的前一年，川原瑞源（王瑞成）在〈油煎與熬油〉中也寫到：「不管多麼貧窮的人，家裡都有一小罐的食用油，擺在碗櫥裡備用」；而且還說：「台灣人似乎比較喜歡豬油」，「據說豬油是補腎的佐料，並且容易消化吸收」。

如此說來，豬油可是那時台灣餐桌的靈魂。不過，這靈魂的真滋味有時因料理手法的關係，並不容易讓外人嚐出來，王瑞成就曾寫到：「台灣請客時的菜餚，犯了濫用油脂的毛病，常常被人批評太過油膩。」而佐倉孫三最初在街市料理店嚐到的「台灣菜」，也許真的過於「油膩」。

事實上，當時一般台灣家庭的餐桌很少見到油炸物，對於廣泛應用的豬油，使用得也相當節制。日常炒青菜時雖會酌加，但用量不多，一如王瑞成所提，人們遇到材料有澀味時，如豆簽或以碗豆、蠶豆粉作成的麵條，才會在湯汁中加入少量的油脂滋潤；還有如萵苣、過溝菜（甘藷葉）、菠菜等青菜燙熟後雖會用豬油拌之，但也只是一小匙。看來這種以少少豬油為菜色增味添香的作法，王瑞成稱之為「簡素」的調理法，才是豬油做為台灣餐桌靈魂的真正精神，而在那「簡素」精神的發揮下，一點點的豬油就豐富了滿桌青蔬，成為支撐當時台灣廣大農民在炎炎烈日下勞動不輟的重要力量。

油粕仔的哲學與美學。

在我眼裡，油粕仔永遠是那麼的酥脆可口，
看到一大盤油粕仔出現，我就忍不住想去挑它、吃它。
從早期的豆豉炒油粕仔、滷白菜，
到現在輕鬆用它炒出一盤令我們垂涎的高麗菜秀珍菇，
油粕仔即使不是「天物」，
在我家餐桌也自有它的地位。

豬油渣麵包，多年前，在美國作家M．F．K．費雪（M. F. K. Fisher）《如何煮狼》書中找尋做菜的靈感時，第一次看到它，心裡著實一陣驚訝，怎麼美國南方的人也吃豬油渣這一味？

豬油渣，油粕（phoh）仔，小時候，只要媽媽一榨豬油，我就會守在一旁，等著吃油粕仔，滿滿一盤油粕仔，我總是挑啊挑的，希望肉攤老闆切給媽媽的

肥豬肉多帶點瘦的，那我可挑的就會多些，可惜那帶點瘦肉、炸出來較酥脆爽口的油粕仔就是那麼少。不過，少歸少，常常媽媽一轉身，打算拿豆豉來炒油粕仔時，那一大盤不管酥不酥的油粕仔已經去了一大半。

油粕仔在我記憶裡，就是一種多出來的零嘴，怎知在遙遠的西方，有人將它混入玉米煎粉與酸奶調成的麵糊中烤成了麵包？驚訝之中，其實有著一種既好奇又親切的感動。此番因為追尋豬油的版圖，仔細閱讀了當年隨意翻翻而被掠過的文字，費雪說，這是個老派的食譜，廢物利用，便宜又實用，讓人一頓飯吃下來有了油水，分量也夠扎實。

《如何煮狼》一書誕生於一九四二年，在挨餓的戰爭年代，作者費雪追憶第一次世界大戰中的童年滋味，老派食譜裡家庭主婦節儉的智慧，變成制伏藏在肚子裡的那頭餓狼的利器，出現在〈如何宰狼〉章節裡的豬油渣麵包，吃在作者嘴裡，飽食之餘，應該也有她想宣揚的生活哲學意味吧！

而從費雪的書翻到英國飲食作家伊麗莎白・大衛（Elizabeth David）的作品，豬油渣麵包裡飽含刻苦意味的油粕仔，穿過一座大洋卻成了法國普羅旺斯一道令人眼睛為之一亮的特產。「她的碧綠杏眼似乎好奇地認為我應該會想要知道這一切。這道特產就是用炸完豬油後剩下的棕色豬油渣做成的肉泥醬，也就是著名的杜爾油漬肉醬（Rillettes de Tours）的前身。」一九五〇年代走出戰爭的陰霾，伊麗莎白・大衛走進普羅旺斯阿荷黛區一家名為蒙大尼家的豬肉品店後，便在《法國地方美食》一書的〈豬肉鋪〉留下了這段文字（該文亦同時收錄於《南方吹過廚房》）。

杜爾油漬肉醬為十九世紀中葉法國大文豪巴爾扎克所愛的家鄉味。從蒙大尼太太的話語裡，多少嗅得出她對油粕仔製成肉泥醬的自豪，那自豪隱隱透著一種對源遠流長的地方美味的追尋。在此油粕仔已無關戰不戰爭，飢不飢餓，只是一種生活美學的展現。

一九八二年，在伊麗莎白・大衛出版《法國地方美食》一書的二十年後，《台灣文獻》雜誌出現一篇名為〈談民俗用具、食物的消逝與保存（下）〉的文章。作者姚漢秋在文中談到了台灣的油粕仔，他說大家吃油粕仔炒菜原本都吃得津津有味，但不知從什麼時候開始，連小孩對此酥脆的油粕仔看都不看一眼，一般家庭主婦自己也不想吃，只好留到晚上，將它當垃圾倒掉，在古時候，這簡直是「暴殄天物」。

如今距一九八二年又過二十多年，我從沒對油粕仔看不上眼過，在我眼裡它永遠是那麼的酥脆可口，看到大大一盤的油粕仔出現，我就忍不住想去挑它、吃它。而記憶中，我似乎也不曾見媽媽將油粕仔當垃圾倒掉，在媽媽眼裡，油粕仔也不像是美國作家費雪所稱的廢物。雖然她沒有如伊麗莎白・大衛筆下的那位蒙大尼太太般做出讓人自豪的肉泥醬，但從早期的豆豉炒油粕仔、滷白菜，到現在輕鬆的用它炒出一盤令我們垂涎的高麗菜秀珍菇，油粕仔即使不是「天物」，但在媽媽心中，在我家的餐桌也自有它的地位。

母親的手路

榨豬油與油粕仔料理

將買來的豬板油切成小塊，放進一般的炒鍋裡，開火後，過一段時間，豬油就慢慢溶化了，肥肉的油脂榨乾後，剩下的就是油粕仔。

母親有時會利用榨豬油時順便做油蔥酥。通常就是豬油溶化後，撈起油粕仔，放下細切的紅蔥頭，如此一來，炸好的油蔥酥多了豬油香，而留下的豬油則添了油蔥酥的香氣。

至於油粕仔的料理方法，除了直接當小孩的零嘴，以前母親最常以豆豉炒之，要起鍋前，再加入一把青蒜，瞬間色香味俱全。也許是現在家裡的口味越吃越清淡，這道鹹鹹的小菜也從我家餐桌消失了。如今，母親較常將油粕仔放入菜湯中煮，最常見的就是白菜滷，經過與青菜的一起熬煮，油粕仔脫去油膩而保留了一種令人難忘的咬勁。

舊時代裡的豬油與油粕仔

在王瑞成一九四三年所寫的〈油煎與熬油〉裡曾提及，當時台灣島內家庭所做的豬油，不像日本內地的製品那麼臭。顯然那時台灣人對於豬油的使用，已有一套獨特的見解。根據王瑞成的調查，一頭豬依部位至少有六種不同的油脂。依次為一、板蚋油（板油）：腹部的油，凝固就像蚋仔（即蜆仔，台語發音la˙ a）一樣純白，天熱也不易溶化，是豬油中最佳者。二、網西油：同樣位於腹部，油脂如網狀，常用於雞捲或蝦捲的製作。三、雞冠油：包圍肺臟的油脂，狀似雞冠，據說和麥芽糖或冰糖一起蒸煮，可治咳嗽。四、後座油：腿部的油，富彈性，是辦桌菜「金錢蝦餅」不可少的材料。五、膩糊油：皮和紅肉中間白肉的油，蝦料理也常用之。六、雜油和總油：較不易凝固，茶褐色略帶臭味，價格最廉。

印證平常家庭主婦會將豬肉的肥肉部分取下，細切後榨油，供炒菜用，這套油脂依部位不同而有不一樣用途的使用法，其實就是不浪費的作法，其體現的是一種台灣社會長久以來傳承的節約簡樸精神，而肥肉榨油後剩下的油粕仔所做的料理，更是這種精神的實踐。

當時除了常將油粕仔拿來與青菜共炒外，還有將它與蔥、豆腐、麵粉一起攪拌做成肉丸的替代品。在一九四三年艋舺少女黃鳳姿所寫的一篇文章裡，我看到她隨著大稻埕的伯母前往新店佃農家，在那，佃農女主人端出了一盤鹹粿，這盤讓這位不愛吃粿的少女因肚子餓而吃得津津有味的鹹粿，裡頭包藏的料，除了細碎的青菜就是油粕仔；油粕仔在那個時代真是無所不在，就連喜慶場合裡的肉餅，也常看得到它們的身影。

●秀珍菇伴著高麗菜炒油粕仔，一道新時代的油粕仔料理被母親端上桌。不過舊時代裡偷吃油粕仔的戲碼，也仍會在我家餐桌上演。

包山包海的白菜滷。

原來，「性溫、味甘」的大白菜有著融合各種鮮味的本事。
「白菜滷」正是在一鍋配角的鮮味烘托中，
慢火熬煮出大白菜的本味。
而這個「滷」字，
也把母親這代傳統主婦勤儉持家的功力「滷」了進去，
就如大白菜包山包海的能耐一般。

冬天來了，大白菜進入盛產期。這幾天，它常化身為白菜滷出現在我家的餐桌上。

這天，熱騰騰的白菜滷上桌，滷的柔軟多汁的白菜中除了浮現香菇絲、肉絲、金針菇外，還有油粕仔若隱若現，掌廚的母親竟然在白菜滷中放了榨過油的肥豬肉渣。油粕仔在白菜滷汁中肥膩已除，和著白菜一起入口的是一股滑潤鮮甜，原來它和炸豬皮有著異曲同工之妙，能讓原本清淡的大白菜剎時增

添華麗的風味。

白菜滷是我從小吃到大的一道菜，小時候認識的白菜滷，除了主角大白菜外，總少不了香菇、肉絲、扁魚乾這些固定配角，彷彿少了這些配角，唱出來的戲就不叫「白菜滷」。有時母親還喜歡加入魚皮，為這齣戲「添油加醋」，讓它唱得更圓潤更澎湃。在漫長的歲月裡，我心中的白菜滷曾這樣被區分成「華麗」與「清簡」兩種版本。

只是不知從什麼時候起，這種刻板的劃分逐漸被打破，也許是從我們由彰化舉家搬遷至板橋後開始。那時，隨著市場的改變，扁魚乾與魚皮難覓，母親改以蝦米和炸豬皮取代，此後原本固定的班底開始有了靈活多樣的變化。有時肉絲會被豆皮取代，蝦米換成了蟹腳，金針菇、筍絲、甚至高檔的干貝絲等各種食材，也都曾在母親手中進入「白菜滷」的戲碼中擔任綠葉的角色。

沒想到界線一突破，大白菜這主角的本質被發揮得更淋漓盡致。原來「性溫、味甘」的大白菜有著融合各種鮮味的本事。「白菜滷」的這個「滷」字，已跳脫傳統一鍋醬色滷汁的印象，而在一鍋配角的鮮味烘托中，小火慢慢煮出、滷出大白菜的本味。

就這樣，隨著歲月流轉，這個「滷」字，也把母親這代傳統主婦勤儉持家的

●香菇與炸豬皮先行泡軟，爆香蔥段和香菇後，依序加入炸豬皮和大白菜拌炒一番，加水燜煮一段時間，再放入蟹腳，小滷一陣，「白菜滷」即成。

功力「滷」進白菜滷中。不管環境如何多變，不管手中掌握的是高檔食材干貝、火腿；或者便宜家常的魚皮、炸豬皮，甚至原本將被丟棄的油粕仔，就像大白菜包山包海的能耐，她們就是有辦法「滷」出一道可口的白菜滷。

在我家，白菜滷雖然是一道家常的菜，但每年除夕，廚房也一定會飄出的它的味道，而且已經有好長一段時間，滷白菜成了我過年的功課。通常趁著除夕午飯過後的廚房空檔，我開始燙起酥硬的豬皮，不一會兒它就成了柔軟的條狀，泡過水的香菇切絲，還有肉絲與筍絲也一一在刀下成形，然後油鍋爆香蝦米，香菇絲的香氣也沉著的舞出，眾色材料隨之跳躍，最後主角白菜也大片大片的進場，翻動之間，一切就緒，就等那鍋煮過牲禮的湯水傾盆而下，這個「滷」字就要在大白菜的身上發功了。

四、五十分鐘，甚至一個鐘頭過去了，大白菜「滷」透澈了，終於成為白菜滷。不過，相較於年夜飯上的眾多菜餚，它看來一點也不出色，而事實上，它也幾乎沒有被端上年夜飯的餐桌過，總是在大年初一才會將它熱了，讓它上場。是的，白菜滷就是如此經得起「滷」，而我就是要在除夕的午後滷它一回，這個堅持看似莫名，但在吃著母親做的白菜滷的這個尋常日子，回想著自己除夕當天在廚房裡的舉止，也許那是一種挑戰，挑戰自己是否能在一年僅有一次的機會裡抓住白菜滷的本味，抓住母親早已參透的「滷」功！

辦桌菜

在二〇〇二年出版的《彰化縣的飲食文化》中，有許多彰化各鄉鎮的老總鋪師現身說法。這些身經百戰，有的甚至可一次應付上百桌菜的老廚師，一談起自己的手路菜，白菜滷經常榜上有名。

白菜滷在這些老廚師的手中煮起來各有巧妙，有人強調豬肉的鮮味角色扮演，再佐以香菇、蝦米或扁魚即可；有人則完全倚重扁魚的香氣，讓它成了扁魚白菜；也有的人大手一揮，把冬蝦，魚翅、冬筍紛紛招進鍋裡。小時候，我在彰化市吃辦桌嚐到的白菜滷，就是這副模樣的魚翅白菜滷。當然，對於大白菜必須在油氣中熬煮到熟爛的境界，大家倒是二話不說的共同追求之。

穿梭在這些老師傅追求的辦桌菜單，從白菜滷、雞捲（肉捲）、五柳枝、焢肉（滷蹄膀），一直到炸丸仔和丸仔湯等等，這些菜色其實母親也都煮得來。以前遇婚喪喜慶或廟會祭典的場

●白菜滷常是辦桌的料理。以前家庭主婦大多具備辦桌的能耐，家裡也都備有一套請客專用的碗盤。我家也不例外。

子，就是總鋪師出場辦桌的時刻，不過，除了結婚等人生大事，一般家庭宴客還是會委由主婦來掌廚，母親正是經歷過那個時代的人，自然也可以張羅出一桌讓客人吃得飽足的菜色。

在《彰化縣的飲食文化》訪問到的耆老中，僅有一位是家庭主婦，這位當時已七十多歲、住在花壇鄉的能幹老太太，綁粽、做粿、灌胭腸樣樣自己來，在她如數家珍的家庭菜譜裡也有白菜滷，「先將扁魚酥過，白菜滷過之後，將扁魚酥揉碎灑在白菜上面，一邊準備蛋素（酥），蛋素即將蛋打散後再用漏斗濾進去熱油中，炸起來即成為一條又酥又香的蛋素，再加入白菜滷中。」顯然這又是自成一家的「白菜滷」。

在我家與炸排骨一起滷的蛋酥，這會兒成了白菜滷的提味重點，而宜蘭的地方名菜「西滷肉」，不也是以蛋酥來添味提香。西滷肉取豬肉絲為主角，伴以香菇絲、蝦米、紅蘿蔔絲共炒，再放入大量的大白菜共滷，最後才用蛋酥風光收尾。這道菜的名稱雖著眼在豬肉，不過，如果沒有大白菜做為重要的風味支柱，恐怕烘托不出西滷肉的濃腴美味。如此說來，「西滷肉」也是一種白菜滷，豬肉白菜滷也。

雖不知花壇鄉的這位老太太與宜蘭是否有什麼關聯，但穿梭在不同地域的廚房文獻裡，跳躍在家庭主婦與總鋪師的菜譜之間，感覺家常菜與辦桌菜的界線有時並非那麼分明。在日常三餐的行進中，吃著母親煮的菜，翻著文獻紀錄，兒時吃辦桌菜的回憶不時來調味，讓人不禁想向母親這一代萬能的家庭主婦們致敬了。

豪邁萬千的筍乾。

那天中午，它出現在我家餐桌上，起初也不怎麼顯眼。
我夾了一、二片蔥段炒里肌肉，順道讓它也來一些，
就在大口扒飯中，
它那身經高湯慢火歷練的體貼味竟成了主角。
在一口接一口的豪邁咀嚼中，娓娓道來的酸甜，襯得肉片更加可口，
白飯兩三下便被扒光！

它既上得了大宴，也可以在小酌裡撐場面，它是一道大街小巷都看得到的菜。不過，話雖如此，人們卻總是忽略它的存在。

打開便當盒，它常躲在一角，耀眼的總是排骨或焢肉之類的主菜；一碗日本拉麵出場，人們在意的也是湯頭裡滑動的麵條，而不是浮在其上的它；還有一道滷蹄膀上桌，筷子雖忍不住會夾起在一旁的它，但主角終究不是它。

那天中午，它出現在我家的餐桌上，一盤說大不

大、說小也不小，但置身在三盤菜之間，似乎也顯眼不起來。我夾了一、二片蔥段炒里肌肉片，順道讓它也來一些，誰知在大口扒飯中，竟不知不覺將它吃成了主角。在一口又一口的豪邁咀嚼中，娓娓道來的酸甜，襯得肉片更加可口，白飯隨之兩三下被扒光，其他的菜瞬間都派不上用場！啊！它就是筍乾，具備鮮筍細緻的清甜口感，卻又比鮮筍多了一份讓人胃口大開的體貼。

真奇怪，以前為何沒有好好的將筍乾的味道吃出來？其實，再仔細一想，小時候要吃到它並不容易。通常得挨到過年過節，媽媽為了祭祖準備牲禮，有了水煮雞、鴨或豬肉後的那一大鍋油湯，滷筍乾才可能被端上桌。是的，沒有那鍋油油的高湯的慢火歷練，筍乾那股豪氣萬千般的體貼味還可能出不來。

如今，廚房要出現一鍋油湯，已非昔日那般得左等右盼，筍乾在我家餐桌露臉的機會多了，味道也就平淡，平凡了，平凡到讓人忽略了。只有旅美的哥哥返台時，它才顯得貴重，看著哥哥津津有味吃著那滷得油亮黃橙的筍乾，這是離鄉多年的人對童年滋味的想望，還是筍乾本身的味道吸引著他呢？有時，我不禁會這樣想著。

記得日本電視節目「料理東西軍」，為了拉麵裡的配菜——筍乾，他們竟尋到台灣來，原來南投山裡出產的筍乾是日本人心中的首選。這又讓我想起不久前在日治時期的《熱帶園藝》裡看到〈台灣的蔬菜種類解說〉中有關筍乾的記載。

一九三〇年代末，昭和年間，台灣島上孟宗竹（土名：茅如竹）、桂竹、麻竹、綠竹和烏腳綠竹等各筍林立，其中以孟宗竹和麻竹製成的筍乾等加工品還行銷日本內地、滿洲和中國北方等地。不過作者熊澤三郎的筆端卻透露，孟宗竹以福州的品種最優，而承襲福州工法製成的台灣筍乾或漬筍等加工品，在各地的口碑似乎也比不上福州出品者。誰知七十多年過去，台灣筍乾竟青出於藍，更勝於藍，在日本人的口中反倒凌駕於福州筍乾之上。哥哥客居他鄉眷戀的家鄉味，還真有它的分量。

而這分量之重，可能也會令兩、三百年前跨海來台的滿清官員難以想像，那些來自中原五湖四海的官員初履台地，念茲在茲的是他們老祖宗已吃了千年以上的筍味，一種充滿文人雅士的品味。誰知除了竹塹、岸裡與八里坌港數地的竹筍讓他們留下幾筆令人驚豔的美味紀錄外，盡是「味酸苦，難以充庖」（黃叔璥）或「千頭觳觫穿林出，味苦難禁太守饞」（朱仕玠）等不堪的味覺經驗，這般的記憶從康熙到乾隆時代，貫穿整個十八世紀，甚至到了十九世紀的同治年間還停留在「台灣多竹，而筍味均苦，不可食」（丁紹儀）的印象中。

面對苦苦追求不得的筍味，這些從唐山來的官員便將它寄託在來自福州的筍乾上。清雍正二年（一七二四），首任巡台御史，來自北京的黃叔璥，將之前短暫兩年的寓台經歷寫成《台海使槎錄》，書中卷二〈赤崁筆談．商販〉篇就出現了海船從福州載來筍乾景象的描寫。

從一艘穿越悠悠數百年歲月而來的海船開始，如今不必有文人雅士的護持，台灣已確確實實成為眾家竹筍的故鄉，夏日的綠竹筍更是常民記憶的一部分；而筍乾，讓日本人折服，讓如哥哥般的海外遊子想念的筍乾，更使吃筍在台灣有如家常便飯。

如此一想，我好想再來一碗飯，再次豪爽的吃它一回，啊！媽媽用鄉野手法滷出的筍乾，就是這種味道啦！

母親的手路

焢筍乾

買回來的筍乾，媽媽會先洗淨再用清水浸泡之，大約泡個大半天吧！然後用熱水稍微煮過，經過這些手續才能去除筍乾的酸澀。

處理過後的筍乾就可以開始焢（滷）。當然此時最重要的就是要有油水，才能滷出筍乾的鮮脆味。媽媽最常利用煮過豬肉或雞的油湯，要不然就是先滷一鍋滷肉，再拿滷肉汁焢筍乾，如此一來，不但筍乾好入口，筍乾配滷肉，滷肉也瞬間除膩，而變得爽口。有時家裡剛好榨過豬油，也可以利用油粕仔焢筍乾。

焢筍乾時，媽媽還會加入少許的福菜一起焢。福菜（覆菜），即用大芥菜製成的一種客家醃菜，從市場買回來，泡水清洗後，就可放入一起煮。有了它，筍乾的風味會更足。

鹹小管配清粥。

誰知一碗清粥在手，我不覺夾起了被冷落多天的鹹小管，
一入口那鹹味還是讓人退避三舍，
但就在不知所措時，
狠狠吞進的那一大口清粥，
卻讓我吃出了鹹小管的滋味，
接著桌上的其他菜餚就全淡出了我的視線……

已經好多天了，我還陶醉在那樣的享受裡。剛剛咬下，一陣重鹹，但伴著大口清粥，慢慢的嚼和著，一種甘味從轉淡的鹹味中緩緩被喚醒，食物下肚了，嘴裡留下的竟是爽口的回味，一種讓人想留住的回味，再咬一口，不禁越咬越小口，口中的咀嚼也放慢再放慢，不知不覺中，一碗清粥便見底了。

如此讓我既陶醉又不捨的味道，來自母親從南方澳漁港買回的鹹小管（鎖管）。這種看起來一點也不顯眼的食物，我雖然從小就熟悉，但一直對它缺乏胃口。印象中，它就是「鹹篤篤」，於是每當這幾乎會鹹死人的「鹹小管」被母親端上桌，大家的筷子就紛紛卻步。那時，看到這種情景，母親總會感嘆說以前的人如有這可以配飯，就是不得了的事。是嗎？結果顧及大家的舌尖反應，慢慢的，母親就很少讓這種「鹹篤篤」的味道上桌。

去年年底，這久違了的味道，隨著母親從南方澳旅遊歸來，又出現在我家的餐桌。剛開始，看著滿桌的菜餚，我對它依然興趣缺缺，它就這樣在餐桌上來來回回被擺了好多天。直到那天，我一時興起煮了一鍋清粥。誰知一碗清粥在手，我不覺夾起了被冷落多天的鹹小管，一入口那鹹味還是讓人退避三舍，但就在不知所措時，狠狠吞進的那一大口清粥，卻讓我吃出了鹹小管的滋味，接著桌上的其他菜餚就全淡出了我的視線。

日治時期的《民俗台灣》有一篇文章〈蔭豉〉，那是一九四四年的作品，某個清晨，擔任教職的作者陳氏董霞，看見餐桌上有一盤母親做的蔭豉，黑黑的亮光，又冒著熱氣，她忍不住悄悄夾起一粒，咬了一口，然後在那滴流的鹹味裡，以滿懷思念的心情讚嘆這台灣獨特的口味。

原來在這之前，她就像當時有些接受日本近代化生活改造的年輕都會女性一樣，視台灣餐桌上的醃漬物為寒酸之物，看到黑黑的蔭豉，半點誘人的色澤也無，動都不想動它。若不是那時台灣被捲入二次大戰中，在物資吃緊的狀況下，那些從前被摒棄的食物

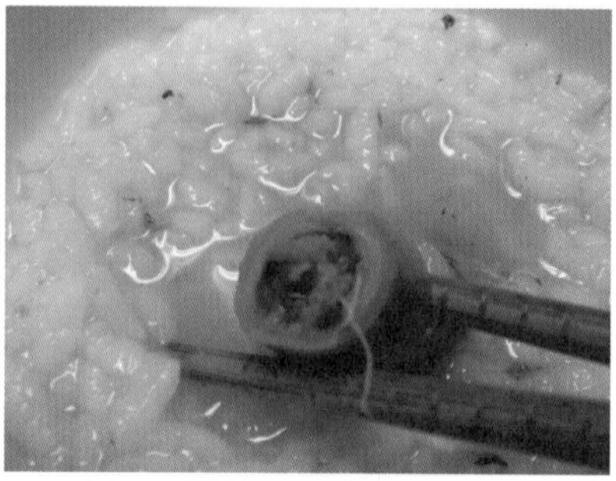

如蔭豉、菜脯、醃瓜及豆乳等，再度一一上桌，她不會有機會重新認識母親那一代台灣女性餐桌上少不了的味道。

末了，作者在感嘆餐桌食物變遷之餘，開始以感恩的心情向母親請教各種蔭豉的烹飪法。作者應該與我母親屬於同一個時代，我不知道母親如何去面對戰時餐桌的變化，不過農村婦女所具備的那套「漬鹹」功夫，還有廚房的應變能力，應該讓她們受到的衝擊少一點吧！

半個多世紀以前，作者因為苦於物質的短缺，而重新愛上了母親輩喜歡的漬鹹。那今天的我呢？前幾天，母親又要到南方澳旅遊，「記得買鹹小管」的話雖沒有說出口，但我打從心裡希望母親這樣做。還好母親真的又買了一小袋回來。中午，用少許的油將鹹小管煎熱，加上一道炒青蔬，一碗清粥在手，我享用了一頓輕鬆的午餐。也許，今天的我是想從過度追求口腹之慾的時代裡走出來，而這樣看似「清貧」的一餐，這樣「單純」的滋味，有助於我的舌尖從「豐盛」與「複雜」的捆綁中釋放。吃著吃著，人不禁也清爽起來了。

醬菜二三事

菜脯

母親說，以前如果有鹹小管可以吃，就很高興了。是的，對於生長在農村、遠離海邊的母親來說，海味的醃漬物確實是一種難得的珍味，日常她所熟知的醃漬物是各種蔬菜製成的醬菜。蘿蔔晒成的菜脯當然少不了，不過最令母親難忘的是外婆用豆醬漬的醃瓜，那一缸缸的醃瓜封存了一種節約的美味。

一九四三年，川原瑞源（王瑞成）寫了一篇談論台灣醬菜的文章，彷彿是母親年少歲月的濃縮。他說：「本島一天三餐裡面所含食物的蔬菜，可以說有三分之一以上的都是醬菜。」「醃製的菜主要包括胡瓜、冬瓜、生薑、蘿蔔、菜心、紅蘿蔔、萵苣心、芥菜心等等。醃製的分量大致可以吃上一年，除了每一年的拜拜以及人情世故（年中行事和婚喪喜慶）之外，幾乎每一餐都不忘醬菜。這也是為什麼本島居民在食的生活上開銷很小的原因。」王瑞成還說一個家庭如果有十口人，那一定得自製醬菜不可。依他的估算，製作一整年醬菜的費用大約需二十元，平均每個人每天的醬菜費用不超過六厘（當時一碗麵賣三分錢），可說「非常經濟實惠」。

而且在那「經濟實惠」的盤算背後，還有一種「從店裡買來的醬菜，在味道上實在不能與家裡做的相提並論」的堅持，駐足在作者王瑞成的心中，因此文中他大量介紹了各式各樣台灣醬菜的作法，母親所說的醃瓜自然也在其列。農家以新鮮大豆做成的豆麴拌鹽醃瓜，醃瓜除了直接拿來配飯，還可以「把它和豬肉、豆干一起炒來吃，對於促進食慾很有效」。我想，就是那種令人脾胃大開的食慾讓母親忘不了吧！母親說，現在再也找不到那種醃瓜了！

一個時代過去了，我想起同樣寫於一九四三年的另一篇文章〈佃農的家〉，作者黃鳳姿，一位艋舺少女寫她和家人到新店溪畔佃農家的遊記。回程時，佃農家的女主人送了她們一大袋的農產品，她的妹妹看見了菜脯，問它從何而來？當她知道是由蘿蔔晒乾製成的，脫口而出的竟是：「為什麼把那麼新鮮的蘿蔔糟蹋成這個樣子？」原來當時城市裡的人普遍認為菜脯是最低級的食物。不過，這「最低級的食物」保存期限長，「萬一沒有米煮飯時，可以替代飯來吃，吃菜脯喝水不會餓死的」。

醃漬是一種保存食物的方式，它以「有限」換取「無限」，將食物的精華濃縮在一個時空的膠囊，母親少時吃的漬物被封存在一個貧困製造的時空膠囊裡，來自城市的富有階級是嚐不出它的真滋味的。如今外婆已離去數十載，母親也當了祖母，那缸讓母親念念不忘的美味醃瓜確實一去不復返了。

●台灣鄉間的市場，仍有各式各樣的醃漬物販賣著，婆婆媽媽們來到這些地方，總被它們吸引住，最後就掏錢將它們拎了回家。

鱸魚湯的力氣。

一抹淡淡悠悠的薑味在舌尖似麻似辣的迴旋著，
順著回味無窮的魚湯入喉，
我知道，活著，就該如眼前的這碗鱸魚湯——
既可以平凡，也能夠帶給傷痛的病軀無限力氣，
而且不管面對的是青春或中年的身體，
它都知道力氣的分野在哪裡。

慢慢的啜飲著魚湯，日子一天天過去，一個星期、二個星期，轉眼就快兩個月了，我努力的想寫出這碗魚湯的滋味，但力氣總嫌不足。

長久以來，民間流傳淡水魚中最珍貴的鱸魚可以養肉，吃鱸魚可以讓身體受傷的人早日長出新肉，因此動過手術、開過刀的人最宜用鱸魚湯滋補。自從五月底腹部動了

刀，由醫院返家後，媽媽不能免俗的也幾乎日日為我煮鱸魚湯。

剛剛開始以大骨熬成的高湯打底，襯得那碗鮮魚湯濃郁無比；間或換上只以薑片清水煮成的爽口魚湯；有時則在清淡的魚湯裡綴以枸杞與黃耆，希望為這碗魚湯的力氣再多點加持。從這些變化多端的湯汁裡，我的齒間感受到那白色魚肉總是保留著扎實的力道，腹部的傷口，無論內外似乎也都得到了癒合的力量……，但不知怎樣，身體挨的那一刀在已屆中年的內心深處，卻留下一份一時難以釋懷的失落。

十多年前，不，應該將近二十年前了吧！曾因一場生死交關的車禍，進過開刀房，腦部的那個傷應該也是在一碗又一碗母親煮的鱸魚湯中，結成一道至今猶存的疤。摸摸頭上的舊疤，又撫一撫肚皮上仍貼著膠帶的新痕，當年鱸魚湯的記憶早被我遺忘殆盡。也許，那時的我，並不在乎是不是有這麼一碗鱸魚湯的存在。車禍中死裡逃生的幸運，對未來無比渴望的熱情早就取代一切，強勢接管了那個二十多歲的身體，然後推著它一直來到今天。對照現在這個晃晃悠悠已用了四十多載、開始在意起這碗魚湯滋味的身體，一種莫名的青春追悔驀然襲來，終於讓我在歲月無情的惶恐中，陷入一種無力書寫的困境。

三、四個星期過去，轉眼跨進第五、六個星期，鱸魚湯早已從餐桌上消失，我斷斷續續地一個字一個字的寫著，終究還是沒有將它的滋味寫出來。如今術後第七個星期來到，消失了的鱸魚湯又被媽媽端上桌，結實的肉身依然沒有變，只是此時它不過是夏日餐桌上一碗「平凡」的魚湯。

一抹淡淡悠悠的薑味在舌尖似麻似辣的迴旋著，順著回味無窮的魚湯入喉，我知道內心的那一份中年失落並沒有消失，而未來還有老年的傷逝要面對，偏離軌道的那顆心終究要回復到人生正常的脈動。而活著，就應該如眼前的這碗鱸魚湯——既可以是一碗平凡的魚湯，也能夠是一碗帶給傷痛的病軀無限力氣的魚湯，而且不管面對的是二十多歲的青春身體，或是四十多歲的中年身軀，它都知道力氣的分野在哪裡。

鱸魚的真滋味

「魚類分淡水魚、海水魚，一般偏好淡水魚。淡水魚類中又以鱸魚最為珍貴，據說鱸魚可以養肉，所以身體受傷的人通常會吃鱸魚補身，希望新肉早日長出。」到底從什麼時候開始，台灣民間傳說鱸魚可以養肉？找了一些日治時期的文獻，在池田敏雄於一九四四年發表的〈台灣吃的習俗資料——出於台北艋舺〉，終於找到這樣的記載，但為什麼鱸魚具有如此的療效？我忍不住又去找清代的文獻。

「鱸魚，似鱖魚，巨口細鱗；張季膺思食鱸魚鱠，即此。隋煬帝謂之金虀玉鱠。」「吳郡獻松江鱸魚膾，煬帝曰：所謂金虀玉膾，東南佳味也。」台灣的方志於物產中提到鱸魚時大多僅列名而已，康熙時期的《諸羅縣志》與《台灣縣志》，還有道光年間的《彰化縣志》、咸豐年間的《噶瑪蘭廳志》是少數引用中國古籍詳加描述者。《台灣縣志》還進一步提到：「松江鱸魚，長橋南所出者四腮，天生膾材也；味美肉緊。橋北近崑山，大江入海者三腮；味帶酸，肉稍慢，不及松江。」是的，在中國古籍裡提到鱸魚，人們總會想到松江鱸魚，而牠天生就是生魚片（膾）的材料首選，因為牠的美味，讓一千七百多年前西晉時代的吳郡子弟張季膺（張翰），在某個松江鱸魚盛產的秋日裡，毅然決然從洛陽棄官返鄉。秋思鱸膾的故事幾經流傳，成了「歸隱」一詞的象徵；松江鱸魚也從此跳躍在文人的筆墨間，最後還化身為如玉般的雪白魚片拌著金黃調醬，以「金虀玉鱠」的面貌征服了帝王的舌尖。

松江鱸魚貫寫千年以上的歷史，名氣如此響亮，難怪清朝從唐山來台的文人，要在方

志裡為台灣的鱸魚記上一筆時，不免就浮上松江鱸魚的種種。不過從古代的鱸魚翻到現代的鱸魚，卻赫然發現松江鱸魚不是鱸魚，在生物學家的眼裡，牠們屬於鮋形目杜父科的杜父魚類，與出現在我家餐桌上屬於鱸形目的鱸魚其實大不同。

《本草綱目》裡列名的鱸魚指的是松江鱸魚，作者李時珍在釋名時說：「黑色日盧，此魚白質黑章，故名。」也許松江鱸魚身上有的黑色斑點，與我們現在所熟知的「鱸魚」相似，而古籍裡稱松江鱸魚「肉白如雪，不腥」的人間美味，在鱸魚身上也嚐得到，於是在漫長的歷史歲月裡，松江鱸魚與鱸魚常分不清，其間文人雅士甚至帝王的加持，更讓松江鱸魚成為鱸魚的代表。最後，《本草綱目》總結千年以來歷代有關松江鱸魚的療效，說鱸魚可以「補五臟，益筋骨，和腸胃，治水氣，益肝腎，安胎補中」。如今數百年又過去，如此的療效仍繼續傳誦著。

不過，到底是什麼時候，《本草綱目》裡提到的療效具體化成可以養肉？而《本草綱目》以及其他醫書裡，與鱸魚具有相同療效的魚類為數也不少，為何人們單單賦予鱸魚如此重任呢？我想，從以往台灣漁人的日常捕撈裡，說不定可以找到解答。七星鱸、金目鱸、加州鱸和銀花鱸（線鱸）雖是今日台灣餐桌常見的鱸魚，但只有七星鱸和金目鱸出自台灣本地，餘者都是後來由美國海域引進養殖。台灣本地種的鱸魚喜歡棲息在淡、鹹水交會區，每年秋冬成魚會在海中產卵，幼魚孵化後，春夏之際溯溪而上生長，等到成熟時再降河入海繁殖下一代。日治時期的文獻記載台人視牠們為最珍貴的淡水魚，也許就是因為當時的漁人總選在鱸魚成熟入海前捕捉，而那一刻鱸魚的生命達到最生猛的巔峰狀態，於是在每次的對陣裡，漁人將牠的生猛想像成一種神奇的力量，而後口耳相傳，身體力行，那滋味含藏的力道結合歷史上人們對鱸魚的認知，終於在民間形成一種願力。

今日台灣野生的鱸魚已被馴化成養殖魚，但傳承著那股願力，人們仍認為牠們所具備的神奇力量在眾魚之上，總不忘在開刀過後來一碗鮮美的鱸魚湯！

●台灣本地產的金目鱸，身上黑點神似古籍裡的「松江鱸魚」。以前金目鱸都是野生捕獲，價格昂貴，如今多來自養殖場，食用因而變得十分日常。不過來點枸杞或黃耆一起煮，端給開過刀的病人吃，它的身價就又不一樣了。

久違的扁魚肉羹香。

白菜絲、筍絲簇擁著扁魚乾共治一鍋清水，慢慢的，清水在小火的沸騰中納進了菜蔬的鮮味，成為一道有力的湯。那湯的力道恰好足夠將扁魚的焦香從濃烈轉成柔和。

母親開始下肉羹，如小魚般的肉羹，在婉轉的菜湯中一一浮起，如魚得水般的自在。

香氣陣陣而來，在空氣中到處飄散，啊！就是這種好遙遠又好熟悉的氣息。我忍不住衝進廚房一探究竟。

母親的手不停的揮動，手中細長的竹筷也在熱鍋裡不斷的跳著，小火煸著的正是久違了的扁魚，被母親剪成一段段細細碎碎的金黃扁魚乾，隨著竹筷的舞動，在溫油中翻轉著，似跳舞般的步伐越來越激烈，香氣的釋放也更加的急

切，就在焦香盡出直達濃烈之頂時，母親將筍絲一股腦傾入熱鍋中，淡黃的筍絲和焦黃的扁魚就這樣相擁起舞，為一鍋香噴噴的肉羹譜出完美的前奏。

以前，住在彰化時，扁魚常是母親掌握一道菜氣息的支柱；不過，自從家搬遷至北部，不知為何市場總不見扁魚的蹤影，我們也慢慢被迫習慣沒了扁魚香的日子。那天，母親從市場回來，如獲至寶的說她買到了一包扁魚。真的，那我們可以煮肉羹了？我高興的回應著。

彰化時代，街頭的小吃雖不乏肉羹，但也非我們這種平凡人家的小孩經常吃得起的。為了滿足孩子的口慾，母親只好再使出看家本領，讓肉羹出現在我家的餐桌上。而我吃著吃著，最後竟然將它搬進了國中童軍課的野炊中，在八卦山上，飄著小黃花的相思林，那一鍋肉羹雖然在手忙腳亂的鍋碗瓢盤之間被我煮出來，也被同學們搶食一空，但我知道自己並沒有將它的美味發揮到最極致，因為那時，我還不懂如何讓扁魚派上用場。

是的，在母親手藝的長久調教下，我們家總認為缺乏扁魚香氣的肉羹很難稱得上是肉羹，也許因為這樣的固執，來到北部以後，隨著扁魚難覓，肉羹跟著也缺席於我家的餐桌。如今，相隔多年，扁魚出現，那一碗肉羹自然也相伴浮現了。

筍絲還有新加入的白菜絲在扁魚香的迴旋中共治一鍋清水，慢慢的，清水在小火的沸騰中納進了菜蔬的鮮味，成為一道有力的湯。那湯的力道恰好足夠將扁魚的焦香從濃烈轉成柔和。

母親開始下肉羹，魚漿包裹著蔥花調成的絞肉，如小魚般的肉羹，在婉轉的菜湯中一一浮起，太白粉調成的芡汁順勢而下，讓它們如魚得水般浮得更自在。肉羹上桌了，最後朵朵蛋花牽引的肉羹看來滑溜順口，不過舌尖總覺得少了點什麼……，啊！原來是幾滴香油和蒜汁黑醋，以及一小撮鮮綠的香菜。

一切完備了。肉羹、筍絲、大白菜隨羹入口，以前母親還會讓菜頭丁或者香菇絲等味入列，但缺了它們也無所謂，只要穿過那香、辣、酸、鮮的層層味道之後，浮現的是淡淡柔柔的扁魚味就夠了。那是一種經得起火力與時間考驗的滋味，因為它的存在，讓這碗肉羹韻味無窮，成了一碗永遠令我難忘的扁魚肉羹。

●肉羹上桌了，不要忘了滴幾滴香油和一些蒜汁黑醋，當然更不能沒有香菜，如此一碗香噴噴的扁魚肉羹便大功告成。

母親的手路

煸扁魚乾

對於扁魚乾的處理，在《彰化縣的飲食文化》中，一位鹿港的總鋪師特別強調須用小火炸香。是的，媽媽也是以小火炒香扁魚——首先將扁魚乾剪成細片，然後放入熱油中，在小火中慢慢翻動之，那種被烈日濃縮的鮮味，會重新一點一滴的釋放出來，成為一種獨特的香氣。如果用大火，常常是香氣還來不及釋出，扁魚就焦掉了。

煮肉羹或滷白菜時，母親喜歡讓它與蔬菜先共炒再一起熬煮，不過也有人最後才撒上扁魚酥，取其酥酥脆脆又入口即化的口感。在張詠捷的《食物戀》裡還提到一種「烰」法，將扁魚乾丟入灶洞裡，利用火灰餘熱將之烤香烤焦，再剝碎放入鼎中，讓扁魚的鮮味融入湯裡。這是昔日缺乏油脂爆香所用的有趣方法，今想仿之，卻因無灶而難為之。

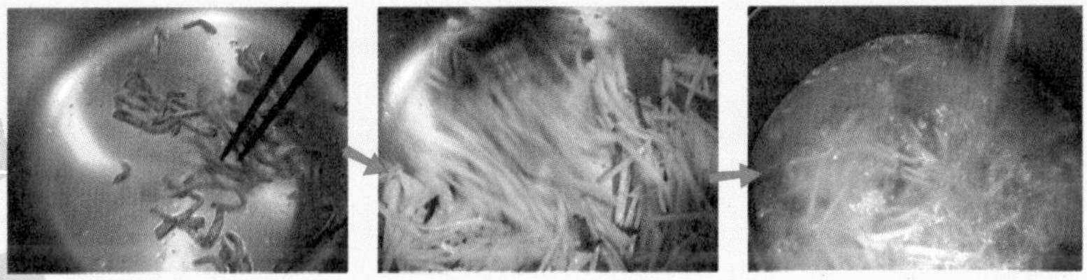

扁魚知多少

「閩南一帶把它生晒成乾，有極強烈的魚香味，將它先剪粗條，再剪成細片，連同荷蘭豆炒冬筍，是一道可口的家常飯菜，倘用它煮菜，任何材料均相宜，其有無比甘、香味，沒有絲毫腥味。

然而，台灣迄今的南北貨店，尚無此種扁魚乾出售，間有人用它炒冬筍，確很夠味，惜因此扁魚產量不多，且無人懂得吃，以致魚市場偶有此魚上市，也當作其他雜魚出售，而用它生煮食物，其肉也特別好吃。」

一九八二年，來自福建龍溪的姚漢秋在《台灣文獻》發表的〈談民俗用具、食物的消逝與保存（下）〉一文中，回憶了家鄉閩南的扁魚，它的魚香味確實有口皆碑，但要說一九八○年代台灣的南北貨店找不到扁魚乾的蹤跡，可就與我的經驗有別。記得一九六○、七○年代尚住彰化時，扁魚乾就曾在我家餐桌飄香，

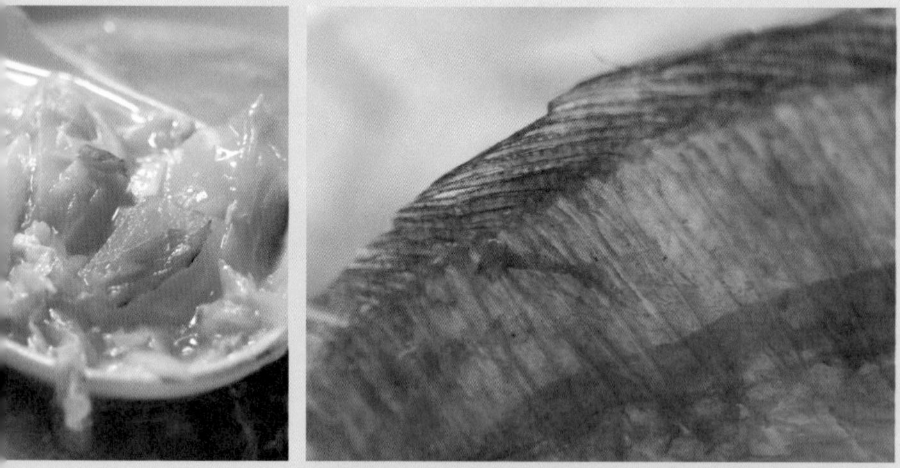

●古籍記載「形似貼沙而薄」的扁魚多刺，還是適合晒乾成扁魚乾。那種烈日濃縮的鮮味，在台灣廚房已飄香數百年。

小時候在台南吃的魯麵也少不了它這一味。在《彰化縣的飲食文化》一書中，許多老總鋪師回憶裡的「手路菜」，也都滿溢著扁魚的香氣。

扁魚乾出現在台灣人的餐桌上至少有數百年的歷史吧！「扁魚：形似貼沙而薄。晒乾，味香美；鮮食亦佳。冬月出鹿耳門外最多，方言謂之『塗剝』。」康熙年間《諸羅縣志》的這段文字除了說明台灣人在十七世紀即已識得扁魚乾的美味，也點出當時的人並沒有遺落它的鮮味。

不過，鮮食扁魚，我確實沒有試過，問母親是否見過「生的」扁魚，她老人家也說不識，也許要在產地才有機會嚐鮮。「扁魚的肉質細膩，但多細刺，大尾扁魚拿來清蒸很好吃，中、小尾吃起來骨刺多，有點麻煩。」張詠捷的《食物戀》一書記錄家鄉澎湖的飲食，扁魚雖活跳跳在其中，但還是那用中、小尾扁魚剖開晒乾的扁魚乾煮出來的扁魚麵線，最讓她難忘。

在清朝的文獻裡常常提及台南鹿耳門產扁魚，究竟扁魚是指何種魚呢？事實上「形似貼沙而薄」的扁魚有很多種，常被晒成魚乾的有桂皮扁魚以及貧齒扁魚。扁魚乾是台灣西南海岸的特產，不過，台江浮陸，滄海桑田，鹿耳門的扁魚風景似已成歷史，今取而代之的是雲林口湖和高雄茄萣的漁村。

母親的蕹菜湯。

久浸湯汁中的蕹菜葉，
儘管已經失去輕盈的體態與鮮活的色澤，
但它的清甜滋味仍緩緩的流動著、輕輕的搖擺著，
而這份經得起時間冷淡對待的味道，
竟然是母親只靠一瓢清水、幾條小魚乾以及少許鹽花，
便輕輕鬆鬆煮出來的。

夏日的菜市場裡盡是各類瓜、筍的天下，在葉菜類中，蕹菜（空心菜）是少數難得盛產者。蕹菜雖可炒可燙，但我還是最愛煮成湯的它。

其實對蕹菜湯原本談不上喜不喜歡，反正就是我家夏日餐桌上常見的一道湯。那天晚飯時刻，餐桌上還擺著一小碗前

一餐剩下來的蕹菜湯，綠色湯汁裡原本靈動而鮮翠的葉片已停滯而黯然失色，讓人心中升起移走它、倒了它的念頭，怎知一個轉念，我端起它，仰頭就喝了下去，沒想到冷掉的湯竟還是那麼可口清甜。

久浸湯汁中的蕹菜葉，儘管已經失去輕盈的體態與鮮活的色澤，但它的清甜滋味仍緩緩的流動著、輕輕的搖擺著，而這份經得起時間冷淡對待的味道，竟然是母親只靠一瓢清水、幾條小魚乾以及少許鹽花，便輕輕鬆鬆煮出來的。

自從開始記錄自家的餐桌，講究起舌尖的微妙變化後，我總以為一碗湯要有高湯打底才稱得上是好湯，對於母親用清水快煮出來的這種清湯總是不看在眼裡，更遑論用心好好品嚐，誰知此番一碗小小的剩湯、冷湯，竟讓我重新發現了清水的力量。李時珍的《本草綱目》稱蕹菜的味很差，必須同豬肉煮來吃，不過，此刻我卻發現那「很差的味」在清水中得到了完全的釋放，釋放成一種神清氣爽般的味道，而幾條小魚乾優游其中更讓它了有回甘的餘韻。

蘇東坡謫居黃州時，因「水陸之味，貧不能致」，常常取來蔬菜，以山泉水洗濯之，而煮出各式的菜羹。誰知「摒醯醬之厚味，卻椒桂之芳

辛」，更不入油腥，只等大火滾後就用文火煨之，如此不久即端出的菜羹，竟讓詩人完全享受到了自然的本味，於是蘇東坡告訴友人：「若知此味，陸海八珍皆可鄙厭也」，最後寫盡菜羹之「淨美而甘分」的〈菜羹賦〉，也因而在海南儋州的流放歲月裡問世了。蘇東坡的菜羹更自此成了後世許多騷人墨客舌尖永遠的追求。

如今，母親，一個一輩子守著廚房的家庭主婦，沒有詩人的雅興，也不懂詩人的風情，其快手一揮煮出的這一碗蘿菜湯，所盪漾的自然之味，竟與世世代代文人追求的興味，有著異曲同工之妙。

蘇東坡曾詩云：「中年失此味，想像如隔生」。中年的我，雖無法像詩人那般以「忘口腹之累」、「無患於長貧」的心情，悠悠然的在晨曦中享受著那可與昔日諸侯的王鼎比美的菜羹，更達不到詩人自比為葛天氏遺民的境界，不過，回味著母親煮的蘿菜湯，簡簡單單，有著一種我年輕時嚐不出來的味道。未來，我也要用母親的手法，煮出一碗又一碗清甜的蘿菜湯。

夏日菜湯

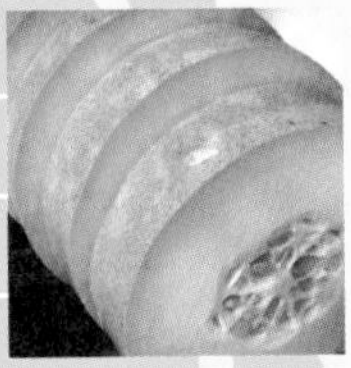
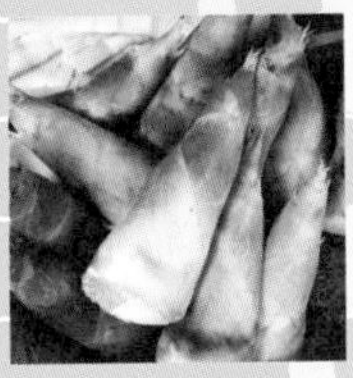

「夏天吃飯有一碗匏仔湯，倒是很素淨而也鮮美可口。」那天翻閱《知堂談吃》，看到作者周作人描述家鄉紹興鄉間的這一道菜，短短的兩句話還真寫進了我的脾胃。我家的夏日餐桌雖不見匏仔湯，但也不乏各式菜湯，常見的除了蕹菜湯，還有竹筍湯、菜瓜（絲瓜）湯、冬瓜湯、刺瓜（胡瓜）湯等，這些湯都像周作人所描述的匏仔湯一樣，強調一種素淨的本味。

周作人家的匏仔湯，「只是去皮切片、同筍干等物煮了加醬油而已」，雖說作法簡單，但口味似乎還是重了點。我家的菜湯大多以清水煮成。蕹菜湯，小魚乾洗乾淨，放入清水中，小滾待魚乾出味後，下切段的蕹菜，再滾，調味即可起鍋。竹筍、菜瓜、冬瓜和刺瓜也多是清水或搭蛤蜊煮成湯；竹筍和刺瓜湯，有時也會捨蛤蜊而改以裹了太白粉的里肌肉片點綴。不過，蛤蜊和里肌肉片都要最後才下到湯裡，因為它們不是主角，只是扮演襯托蔬菜本味的配角而已。

當然，如果想要湯的味道濃厚一點，竹筍和冬瓜，在我家也常被煮成竹筍排骨湯或冬瓜排骨湯。而夏天也是嫩薑盛產的季節，冬瓜湯裡如能來點嫩薑絲那就太完美了。至於只以清水煮成、清清如也的竹筍湯，更是夏日的絕品。

「我雖然不能充分強調很多蔬菜湯最好根本不必使用任何高湯，但事實上的確如此，這並不是烹飪上偷不偷懶的問題。」英國飲食作家伊麗莎白・大衛在《府上有肉豆蔻嗎？》書中說的這段話，似乎為蔬菜湯的作法做了最適切的結語：只要了解當中的真實本味，誰都可以輕鬆煮出好喝的蔬菜湯。

想要偷吃丸仔！

母親很高興我提起了她做的丸仔。
鍋中的丸仔也熱烈回應著，一大碗滿滿的丸仔上場了，
我等不及它們再下鍋煮成湯，便偷了一顆來吃。
啊！就像小時候在廚房，
趁著母親一轉身，小手迅速捏來，彈牙的汁液塞滿嘴，
來不及吞下的是滿口的興奮……

一鍋冷水熱了，開了，原先沉在水底的丸仔一一滾了上來。好久沒有做丸仔了！那一天，我喃喃的唸著。母親聽到了。隔了幾天，我走進廚房，看見一包魚漿從她手中倒了出來，放入絞肉，開始拌啊拌的，再來添點綠綠的蔥花，攪啊攪的，翻轉之間，手掌心一握，虎口順勢滑出了一球，圓滾滾的一球丸仔便隨著湯瓢落入爐上的那鍋冷水。

往年，冬天來臨，餐桌上的火鍋總沉浮

著一顆又一顆從母親手中變化出來的丸仔。今年也許是天氣暖和，火鍋上桌的次數少了，竟許久不見母親做的丸仔。那一天，難得天冷，火鍋被擺了出來，熱湯裡滾動的卻是各式來自市場的丸仔與火鍋料，吃著吃著，腦海裡不禁浮現那丸仔的身影！

其實，仔細一想，那丸仔並非冬季才出沒於我家。筍片丸仔湯、刺瓜（胡瓜）丸仔湯，還有蘿蔔丸仔湯……，數一數，母親心血來潮時，會隨著季節流轉，讓丸仔引領各種蔬菜成為一道又一道可口的湯。有時，甚至單靠一碗清清的丸仔湯，灑幾滴香油和幾點芹末也可遊走四季。而逢過年過節時，它們更直接被母親放入油鍋中，化身為香噴噴的炸丸仔。

記得童年家在彰化時，年夜飯的餐桌上，那個靠木炭加溫的火鍋裡雖流動著各色菜蔬，但最後還是得靠母親做的丸仔才能穩住場面。是的，丸仔，圓圓，過年團圓的日子怎可以少了它。幾曾何時，童年的木炭火鍋退場了，丸仔也從年夜飯的火鍋裡消失了，丸仔的團圓象徵似乎被人遺忘了。而當吃火鍋不再侷限於年夜飯這一餐後，母親做的丸仔雖然變得更日常化，但面對市場裡排山倒海的火鍋料，

它不免因此被淹沒而失去蹤影了。

母親很高興我提起了她做的丸仔。鍋中的丸仔也熱烈的回應著，一大碗滿滿的丸仔上場了，我等不及它們再下鍋煮成湯，便偷了一顆來吃。啊！就像小時候在廚房的模樣，趁著母親一轉身，小手迅速捏來，彈牙的汁液塞滿嘴，來不及吞下的是滿口的興奮，好險！也好鮮喔！明明就已經熟了，為什麼非要煮成湯才能吃呢？嗯，就是得有這麼一段空檔，小孩才有機會偷吃到最鮮的丸仔，而且只有母親親手捏製的丸仔，才能給孩子這般帶著小小驚險刺激的兒時味覺記憶。好神奇的一段空檔，想著想著，我忍不住又「偷」了一顆丸仔來吃。丸仔，果然還是要趁鮮「偷」吃！

聽說冷氣團要來了，晚上就煮一鍋當令的蘿蔔丸仔湯吧！母親現做的丸仔，又鮮又險的丸仔，一口咬下，暖在心頭，誰說此時一定要火鍋上場呢。

母親的手路

製作丸仔的訣竅

丸仔以魚漿為主要材料，加入適量的絞肉和蔥花拌勻，再以鹽花調味。備一鍋冷水，開小火，丸仔一顆一顆擠入冷水中，丸仔擠完，水大概也熱了；而水一滾，丸仔會一一浮上來，代表丸仔熟了，可以撈起來。煮完丸仔的水是最好的高湯，不妨留著備用。

母親做的丸仔因為加了絞肉，可說是一種肉丸。如果要變化口味，也可在魚漿中加入蝦仁或花枝，做成蝦丸或花枝丸。另外魚漿裡多放一點絞肉，或以里肌肉裹上魚漿則可做成肉羹。魚漿在母親手中有多種應用，如雞捲中也有魚漿的成分，除了增加黏性，也兼具調整口感的作用。

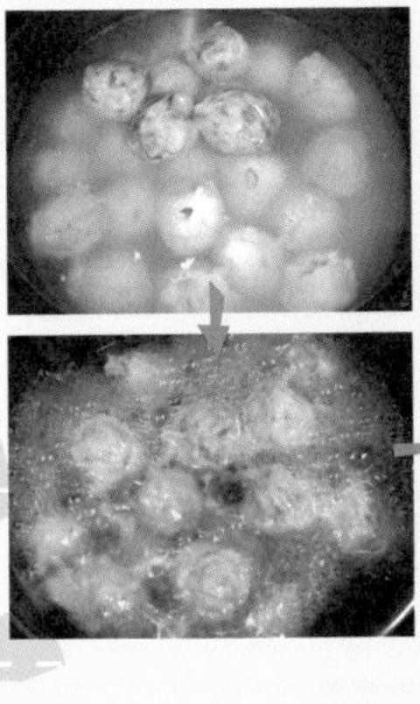

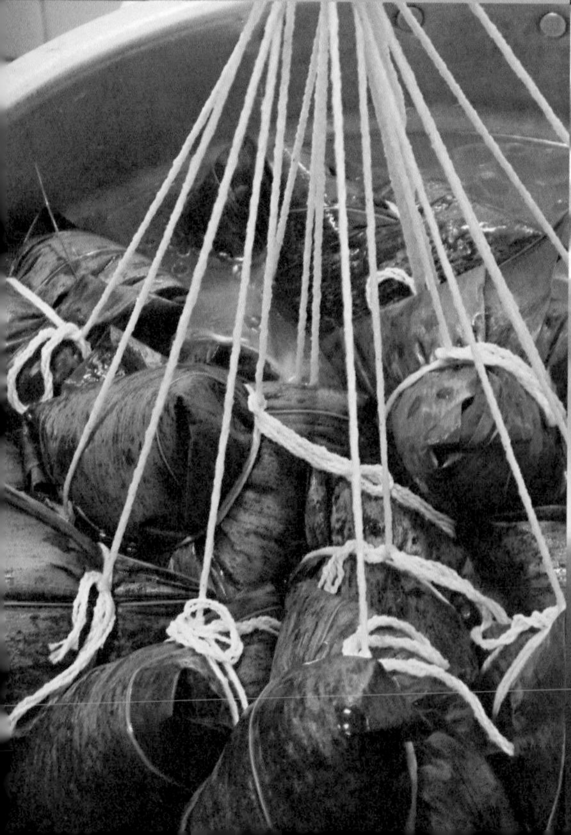

PART 2 歲時的滋味

沒有捲潤餅的清明，沒有包粽子的端午，沒有搓湯圓的冬至，
到底是什麼滋味？
有誰還記得立夏要吃蒲仔麵，七夕要煮麻油雞和油飯呢？
啊！寒流來了，冬至將至，烏魚報到了，
一盤青蒜烏魚捎來了童年熟悉的「冬味」。
真慶幸！我家的餐桌，一張平凡的閩南餐桌，
因為母親，還守著祖先傳下的歲時滋味。
清明的春，端午的夏，七夕的秋，冬至的冬，四時流轉，
縱使光陰無情，餐桌卻有味！

新春第一頓飯。

在那魔力的催化下，我竟然興起再添一碗飯的念頭，
忍不住多夾了幾片荷蘭豆莢，
連盤裡多出來的幾株菠綾仔菜都沒有放過，
咀嚼母親承襲先人智慧為我們準備的新春第一頓飯，
齒間流轉著一種甜滋滋的回味，
暖意在心頭盪漾著……

打從我有記憶以來，每回大年初一我家的早飯都是這樣上場，每人一碗白米飯、一株菠綾仔菜（菠菜）、幾片荷蘭豆莢、幾粒土豆（花生米）、一塊豆腐，還有一碟豆油膏（醬油）。

小時候，懷抱著壓歲錢從大年夜的美夢醒來，迫不及待穿上新衣，準備出門遊玩的我，總被母親強迫吃這新春的第一頓飯。土豆和豆腐還可以接受，但荷蘭豆莢的味道我就不愛，更何況那一株帶著紅根的菠菜，濃濃的土味真是難以下嚥，而母親竟硬說要整株吃下不可以咬斷。還有早餐不都是吃粥嗎？為何這天一大早就要吃乾飯？

就這樣，每年農曆正月初一的早晨，我家的餐桌都要上演一場如此充滿不解的掙扎戲碼，日子久了，沒有等不及想出門的童心來拯救，最後我只能以成人的敷衍心情來應付母親為我們端出的這頓飯。誰知今年當我大費周章的為它們留影後，這些入過鏡的飯菜，雖然連半點餘溫都沒了，但咀嚼下肚後，卻突然產生了不一樣的感覺，我的齒間流轉著一種甜滋滋的回味，暖意在心頭盪漾著。

前一夜，不，應該說去年圍爐吃年夜飯，面對滿桌澎湃的年菜時，我就昭告了家人，明天，我要拍我們家新年的第一頓飯！這是我有生以來首次以神聖的心情面對這一餐。整株吃下肚的菠綾仔菜和土豆都象徵長壽；豆腐如豆干，「干」字台語發音同「官」，吃豆「干」做「官」，有飛黃騰達之意。母親以前在新春餐桌旁喃喃自語的話，此刻終於呈現出它的意義。雖然，有人認為豆腐應取其「腐」音與「富」同，而解作「富貴」之意，但農家對於子孫晉升讀書人之列可能更嚮往之，因此，來自農家的母親從小就將這一餐的豆腐當豆干吃。

那荷蘭豆莢呢？好像有「飛天」的意思，也許是有好長一段歲月，我們總以一顆視若無睹的心面對這頓早餐，讓母親的記憶也蒙上一層模糊的薄紗，以致有些地方也說不出所以然來。還有那一碗乾飯呢？有人說是為了未來一年出門不被雨淋，不過，吃稀飯出門會被雨淋的忌諱在母親心中顯然早已淡去，她說以前稀飯是貧窮人家吃的，哪有人新年頭就以稀飯當早餐。是的，這一碗乾飯來自前一晚大年夜煮的那鍋飯，隔一夜如隔一年，來到新年的第一個早晨，它既是去年的剩飯，又是「春飯」，春天的飯（台語春與剩同音），是一碗盛滿豐收與希望的飯。對照母親口中所說的貧窮時代，對照那些常以番薯簽飯裹腹的日子，這一碗白米飯承載著多少母親對未來一年的想像啊！那麼，荷蘭豆莢有飛天竄地、無所不能的魔力，也就不足為奇了。

大年初一的早上，過了十點鐘，家人都出門上廟裡拜拜去了，餐桌獨留我一人。在那魔力的催化下，我竟然興起再添一碗飯的念頭，忍不

住多夾了幾片荷蘭豆莢，連盤裡多出來的幾株菠綾仔菜我都沒有放過，這種以往從沒有過的行為，讓菠綾仔菜的土味在此轉化成一種樸素的味道。是啊！花生、豆腐還有僅以水煮方式烹調出來的荷蘭豆莢和菠菜，相較於前一晚那頓繁複的年夜飯，不僅讓人的胃得以從年終大魚大肉的豐盛隆重中得到歇息，那簡單的原味更有洗滌人心的力量。

乘著想像的翅膀，咀嚼母親承襲先人的智慧為我們準備的新春第一頓飯，這真是一頓得來不易的早飯，很高興自己終於可以吃出它的味道，並這樣開始新的一年！

餐桌筆記

一碗「春」飯

●不只是春飯，發糕上也要插「飯春花」，除發財外，更進一步延伸為家運昌隆之意。

「晚餐一定有菠菜、南京豆和蛤蜊。菠菜的別名為長年草，煮的時候不要將紅根切掉。每個人都要吃一根，吃的時候不可用牙齒咬，要整個吞下去。菠菜和南京豆都代表長生。吃蛤蜊代表這一年會剩很多錢。」

以前，我一直以為我家初一一大早吃土豆、菠綾仔菜、荷蘭豆莢、豆腐與一碗乾飯的習慣，是祖父母由家鄉台南帶來的，後來才知這是母親自小在彰化農家養成的。不久前，在劉淑慎一九四四年所寫的〈台南迎春〉裡讀到這段文字，南京豆就是土豆（花生），原來台南人在除夕夜就吃了土豆與菠菜。雖然有除夕和年初一的差別，那菠菜的吃法倒是一樣，看來，大家對新年的期待應該都是相同的，而最能具體呈現的當屬初一早上的那一碗乾飯。

在〈台南迎春〉裡，作者雖只提到年初一的早上「必須準備二十四碗素食，祭拜玉皇大帝和先祖（各十二碗），之後全家人開始吃早飯。」不過，我想那時台南人的早飯應該也有一碗乾飯吧！翻開日治時期的文獻，甚至上溯清代，茹素的初一早上台灣人的餐桌上，必然存在著一碗隔年的乾飯，一碗「春」飯。

「春飯，初一到初三一般人家都不煮飯，大除夕煮的飯從初一到初三每頓每頓地蒸來吃。神明前，則用茶杯裝兩杯飯擺著，飯上插一種叫飯春花的紙製花，這個飯待到初五就收下來，一部分就與新飯一起煮來吃，一部分混在飼料裡餵家畜，這樣的話，整年都會很順利，人畜無災殃。」一九四三年，福原椿一郎在〈民俗種種〉裡所寫的雖是新竹一地的情景，但那應該也是當時台灣家庭新年頭幾天的縮影。

我家現在雖只在大年初一才吃「春飯」，但自除夕夜起神明桌上即供著插上飯春花的「春飯」，到了初五過後才會收下。飯春花其實就是「長春花」，也叫做「金盞花」或「金錢花」。民俗學者吳槐說，它不只是裝飾，「飯春花」的「春」字台語發音除了有「剩」（餘糧）的含義，還有「伸展」之意。因此，一碗插著「飯春花」的「春飯」，便盛有步步伸展，春青永續，永遠長壽的寓意。

這樣一碗「春飯」，一旦參透它的深遠寓意，要想不在大年初一吃它，不把它放在過年的神明桌上還真難！

●「食甜甜給你緊大漢（趕快長大）」，生仁、寸棗和糕仔粒等都是過年少不了的甜料。

煎菜頭粿過年。

煎菜頭粿看似簡單，但為了想吃外皮酥脆而內部柔軟的菜頭粿，
得耐心地等鍋熱了起來，
才能讓粿身在文火中不受束縛的與熱油共舞，
慢慢地跳出那一身深藏的黃金力道。
在我家，煎菜頭粿已成一種過年的儀式，
帶著生命過渡的味道。

一年就只有這個時候，我們家的廚房會出現煎菜頭粿的情景。除夕的中午，廚房裡手忙腳亂，通常午飯就隨便打點，這時最方便的就是順手切來的菜頭粿，放鍋裡一煎，輕易的就將家裡幾個大大小小、餓扁了的肚子打發過去。

隔了一天，過了一個年，大魚大肉之後，廚房雖休兵了，但心裡

還是想來點新鮮的食物，這時火一點，菜頭粿又上場了，一盤煎得金黃的菜頭粿是我家大年初一午餐必然的要角。

日治末期，昭和十六年（一九四二）川原瑞源（王瑞成）寫的〈點心以及新春的食品〉，曾以「豪華」形容台灣人新春的料理，每家都儲存了可以吃到年初五的雞鴨魚肉，但正月初一的早晨大多數人卻吃素，過了中午還以祭拜過的粿類當正餐或點心。一九四二年，距今已過一個多甲子，雖說眼前我家的正月初一還是這樣度過，但光陰渺茫，總有些什麼在時光的河流裡流逝了。

記得小時候吃的菜頭粿都是彰化的外婆做的，每回，年的腳步迫近時，母親就會回娘家，幫外婆做粿，在這場做粿的接力賽裡，金黃的甜粿（年糕）總是搶在雪白的菜頭粿（蘿蔔糕）前登場，而且還氣勢驚人的壓倒一切。

大灶的火旺著，大鼎裡的糖溶了，壓了一天一夜的粿粞（粞，台語發音che），一小塊一小塊落入其中，外婆全身的力氣傾注在雙手握著的木棒上，推著粿粞進入膏狀的糖漿渦流裡，在一次又一次的舉棒維艱中，粿粞由生到熟最後終於化於無形。外婆趁熱一舉將流動的甜粿倒入一個一個的小盆中，抹著香蕉油的雙手用力在火熱的甜粿上拍打，越打越亮越有彈力越是堅固，激得一旁孩子們的小手也奮不顧身的投入，狠狠的偷捏一小球，誰知越迫不及待想吃它一口，卻越拉越難斷。

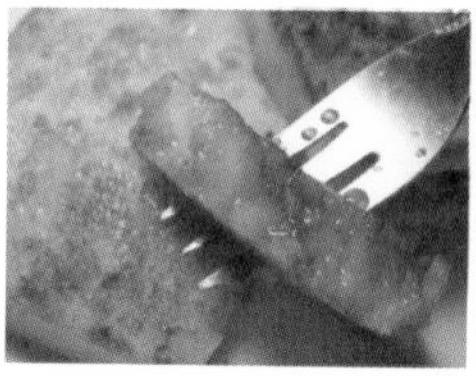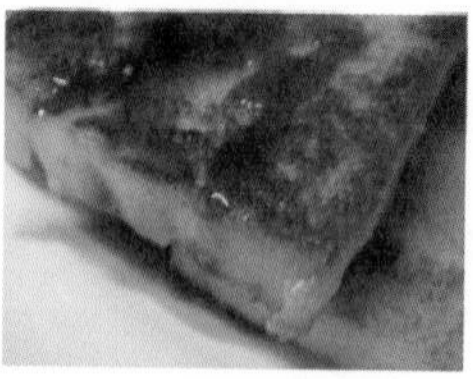

甜粿的戰役落幕了，菜頭粿的誕生顯得溫和許多，一大盆細細的菜頭簽，白色的米漿流入其中，怎麼看力道就是緩些，蒸籠裡白茫茫的霧氣比諸大鼎裡滾動甜粿的發亮火氣，入口就是不一樣的年味，菜頭簽不知去向了，米香不著痕跡的包容了它，包得天衣無縫。

外婆走了，這樣的年味也消失了。沒有了那一口灶，母親終究使不出力氣推出我們兒時記憶中的甜粿與菜頭粿。無論如何，年還是得過，最後只能寄託於市場買來的菜頭粿與甜粿。而有好長一段時間，除夕與大年初一吃的菜頭粿都是媽媽煎的，不過，現在握鏟子的手有時會換人，也許是我，也可能是嫂子。煎菜頭粿看似簡單，但在火候過與不及之間，常常端上桌的是一盤被翻得支離破碎的菜頭粿。為了想吃外皮酥脆而內部柔軟的菜頭粿，得耐心地等鍋熱了起來，才能讓粿身在文火中不受束縛的與熱油共舞，慢慢地跳出那一身深藏的黃金力道。只是一年僅靠這一、二回的機會，要掌握這力道掌握得剛剛好，也費了我好多年的光陰。

想想，如果除夕中午的煎菜頭粿好似廚房過年前的熱身，那麼初一午餐的煎菜頭粿就帶有落幕的味道，但幕落下的那一刻，同時又有一個新的期待升起，希望下回端出來的煎菜頭粿會更完美。比起小時候外婆家廚房裡的做粿接力賽，煎菜頭粿也許微不足道，不過，在我家它已成一種過年的儀式，帶著生命過渡的味道。

做甜粿，吃甜粿

餐桌筆記

「在糯米中摻入十分之一的普通食米，浸泡一夜，經常換水直到水清為止，然後以石磨加入少量的水研磨成漿，把米漿倒入厚棉袋中，袋中綁緊，加適當壓力將水分壓出，如此就成糯米團（台語稱粿晡），然後將之放置在細目篩、橄籃或木板上，以糯米一斗加白砂糖或紅砂糖十二斤的比例來加砂糖，並且充分揉搓使砂糖溶解，最後再放入鋪有白棉布的蒸籠中蒸二、三個小時即熟。」

一九四二年，服務於台北帝大農學部的陳玉麟看了《台灣特殊飲食製造法》一書，一時興起提筆為文介紹，甜粿作法也在其中，雖然文中所提的「挨粿」（磨米漿）與「壓粿晡」（粿晡又稱圓仔粞或粿粞）場景已很少見，但用蒸籠蒸甜粿的方式至今仍相當普遍。

相較於陳玉麟介紹的製粿法，外婆將粿粞直接均勻拌入溶化的糖漿中，一直煮到熟的方式，雖然比較快，但因要不停的攪拌熱鍋，得耗費極大的體力。不過，先將糖溶化，再加入粿粞而做出來的甜粿，比砂糖直接揉進粿粞而蒸熟的甜粿來得Q。因此也有人採取折衷的作法，即先將糖溶了與粿粞揉合，之後再用蒸的。

蒸或煮好的甜粿，立即享用的機會其實不多，通常要祭拜之後才能吃。而且以前還有大年初一不能吃甜粿的禁忌，據說是因為甜粿吃前都要先煎過，結果一煎煎成「赤赤」，好似「散赤」（台詞貧窮之意）——這可是觸霉頭的事。在我家，通常要過了大年十五以後才會吃甜粿；儘管有許多不同吃法，但我家還是最愛炸甜粿的古早味，裹上用麵粉和雞蛋調成的麵漿炸出來的甜粿，真好吃！

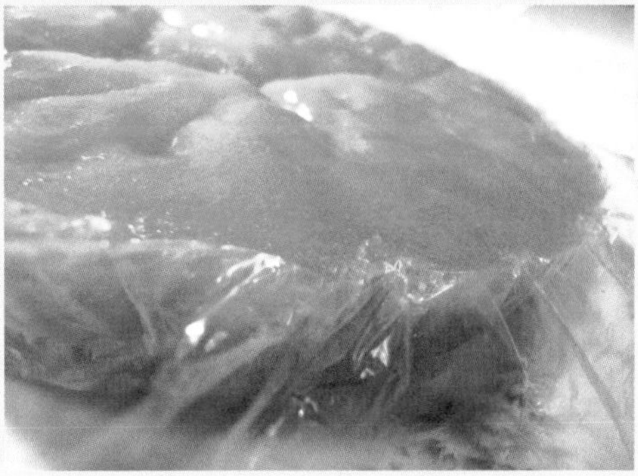

宛如春光的潤餅。

剁剁的刀切聲，飛舞著母親忙碌的身影，
一首繁複的廚房交響樂，
如往常般拉開吃潤餅的序曲。
五顏六色的菜盤，一盤又一盤，像春天的花朵盛開在餐桌上。
大家隨意的捲，自在的吃，愜意的時光輕輕越過萬重山，
潤餅在我家，就像明媚的春光……

站在市場裡拭潤餅皮老人的攤位前，我好想將老人拭的餅皮帶回家喔！好想在那還留有老人手掌餘溫的餅皮上，鋪一層薄薄的土豆（花生）糖粉，然後讓高麗菜、胡蘿蔔、芹菜、筍子、小黃瓜、豆芽菜等春天收成的各色青蔬，一絲絲一層層的疊落其上，而興致一來還可讓諸如嫩煎豆腐、蛋皮、香菇、皇帝豆、叉燒肉、雞肉、香腸、甚至烏魚子等各種不同的海、陸美味飛舞其間，最後，再次細細的輕撒花生糖粉，並以一小撮青蒜或芫荽（香菜）

的跳躍之姿，完美的將這個潤餅扎扎實實的捲起來。

清明節，吃潤餅（台語發音jun pinna），是我家長久以來的習慣，早年住彰化時，一直恪遵不移，且在我們吃之前，必須先請祖先享用。後來舉家遷來北部，由於路遙不便，它不再被帶到祖父母的墓前，吃潤餅單純成了清明節家族聚會的活動，因而也有可能因為家人返回中部掃墓而被延後或提前，有時還會因留守北部的人太少了、或者大家的時間無法配合而被迫放棄。今年就是如此。

留守台北、負責在家祭祖的我，一早上市場，忍不住就朝老人的潤餅皮攤子走去。前年冬至，老人大病一場，當時我還憂心的祈禱著，希望他早日康復，來年我家清明節的潤餅味道才不會走樣。之後，看到人龍還是長長的，看到老人依舊站在爐火前，揮汗拭著潤餅皮，我的心才安下來。

兒時，在彰化的清明節，父親或者祖父得大清早就去排隊買潤餅皮，後來祖父去世，換我們孩子上陣輪流接替父親去排隊，記得那時指名要買的是一家肉包店──「肉包李」拭的潤餅皮。北上後，由於北部人大多在尾牙或冬至前後吃潤餅，清明時吃潤餅的並不多，要找一家可以在清明時節讓我們依靠的拭潤餅皮攤子，還費去不少的功夫與歲月，還好，最後總算遇到了老人。

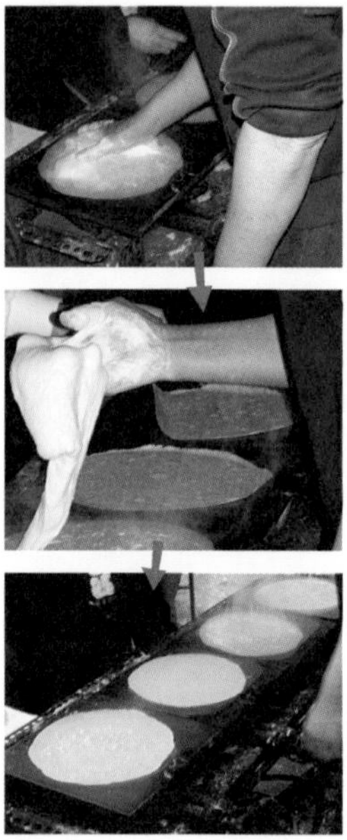

●板橋黃石市場的拭潤餅皮老人，有了這一張張從他手中拭出的潤餅皮，才有我家宛如春光的潤餅捲。

清明節排隊買潤餅皮是件苦差事，常一站就是數小時，而且為了趕上家裡中午的祭祖，往往清晨六點多就得出門，年輕時聽到母親叫人去買潤餅皮，總想逃之夭夭。沒想到，此刻不用加入排隊人龍，竟無一絲慶幸感。老人的手藝習自近六十年前台北迪化街永樂市場的師傅，如今爐火純青了，青春卻逝去了，佝僂的身子換來一種沉穩堅定的手勢。是的，只有出自這手勢的餅皮可以將我家的「潤餅捲」（捲，台語發音kauh）包裹起來，一口咬下，柔中帶勁的餅皮拉開了花生糖粉奏出的甜甜土香，慢慢的，又脆又多汁，或鬆軟或緊實，有澎湃有低吟，春天的曲調就這樣在唇齒間彈開來了。

如同老人的潤餅皮，我家的「潤餅捲」也不是生來就如此豐盛，而是歷經時間的漫長調味才成的，記得住彰化時，滿滿一桌潤餅的菜料，除了蛋皮、豆腐和水煮三層豬肉外，盡是一盤又一盤的青蔬，葷食真是少得可憐。舉家北遷後，逐漸的在三層肉絲外，添加了叉燒肉。而不知從何時起，雞肉、香菇、香腸都來了。二、三年前，報端出現美食達人為潤餅尋根，從台南、台北一路追尋到大陸的泉

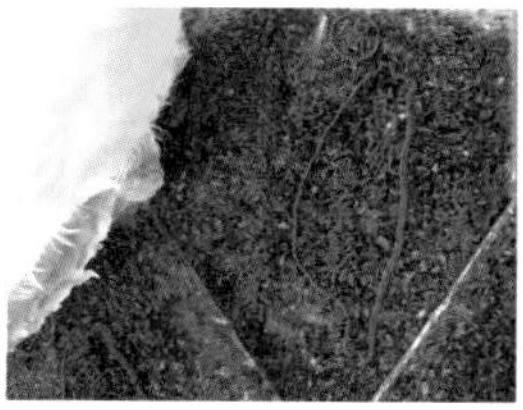

●以前彰化潤餅菜料一定少不了滸苔與花生糖粉，滸苔是綠藻的一種，清明節正逢盛產期，但現在由於台灣海域遭汙染，滸苔少見了，清明節在彰化買到的海菜酥，不知是否還是滸苔製成？

州和廈門，啊！原來潤餅有這麼多的樣貌，這也喚起了我童年隨出身自台南的祖父返鄉時吃過的潤餅記憶，於是便將台南人慣用的蝦仁、皇帝豆和烏魚子也包入我家潤餅中，末了一時興起，還將新鮮的小黃瓜切絲，以生菜的面貌直接端上捲潤餅的桌上。

不過，回頭一看，彰化時期特有的香酥滸苔（海藻的一種），卻從這光陰的菜盤中消失了。北上初期，曾以為沒了這一味，潤餅就不成潤餅。記憶中，滸苔從市場買回來，要先清除細砂，再入鍋用少許的油煸香，是的，就是那種焦香的海味和著花生的土香，讓各色春蔬、蛋和豆腐在沙沙的糖粉中，歷經少許三層肉油脂的滋潤後，跳躍出一種清新的滋味，那是一種簡樸年代的味道，簡樸中帶著濃濃的鄉愁。

誰知異鄉的市場就是難覓滸苔。滸苔雖然不見了，但清明節到了，還是要吃潤餅。十幾年過去，我家的潤餅從彰化時代的簡樸版發展到今日的極致版。仔細的回味，每種菜料的捲入或消失，不僅包容了我家從中部搬遷到北部後的每個生活變化，可能也反映了台灣社會在不同階段對某種口味的追尋或地域口味限制的突破……

沒有包潤餅的清明節，廚房實在冷清！簡單準備了幾種菜餚祭祖後，廚房瞬間回歸寂靜。記得吃潤餅的清明節，不管在彰化或板橋，當我大清早出門排隊買潤餅皮時，母親就開始在廚房動了起來。無論食材如何變化，口味再怎麼突破，那些從彰化時代傳承而來的廚房功夫在母親心中總是不變的。嫩豆腐要切成長長細細的條狀，煎成金黃，再淋上醬油煮至收乾；蛋汁則煎成一張又一張薄如紙般的蛋皮，再切成如春雨般的細絲；各色的春蔬也要刀刀成絲，一道道分別料理；新加入的各種食材更要在刀功下，展現它們纖細的肌理。

剁剁的刀切聲，飛舞著母親忙碌的身影，一首繁複的廚房交響樂，如往常般拉開吃潤餅的序曲。五顏六色的菜盤，一盤又一盤，像春天的花朵，盛開在我家的餐桌上。大家隨意的捲，自在的吃。從日正當中到夜幕低垂，邊吃邊聊，愜意的時光輕輕越過萬重山，潤餅在我家就像春光……

啊！好想就此把春光留住！誰知就在這般陶醉於潤餅帶來的春天賞味時，我想起老人手藝有後繼無人之憂，而母親也說過，老人如不拭潤餅皮，我們也不要再包潤餅的話語。是啊！我忘了清明廚房裡那首繁複的交響曲也暗彈著歲月不饒人的曲調。清明的廚房既講求做工精細，又要與時間競賽，才趕得及中午祭祖前端出一桌宛如春光的潤餅菜料，於是縱有俐落手腳，若無體力支撐也難為之。而母親今年已七十好幾了！

嗯，春光苦短！我得趕快學會演奏母親的這首清明廚房交響樂。那時我才能心安地招呼親朋好友來享受春光的愜意……

母親的手路

準備潤餅菜料

雖然我家潤餅的菜料隨著時間的推移有過不同的變化，不過，無論如何的變，有些菜色的處理手法在母親心中永遠不會改變。高麗菜切細條，芹菜切小段、筍子和紅蘿蔔切絲後，分別用蔥末乾炒，當然也少不了清炒的豆芽菜。除了這些青蔬外，還有數十年如一日的嫩煎豆腐條與蛋皮絲。

●煎蛋皮：大約七、八顆蛋可以煎出二十張左右的蛋皮。鍋裡抹上少許的油，熱後轉小火，舀入蛋汁，迅速提鍋轉成薄紙狀，蛋皮成形後翻面，烤一下即可用鏟子對折再對折後起鍋，動作要敏捷以免焦掉。蛋皮涼後才切絲。

●煎豆腐：鍋裡的油熱後，轉小火。一手握豆腐，一手持刀，輕輕將手掌中的豆腐切成細條狀後緩緩的下鍋，待貼鍋的一面呈金黃色後才可翻面，小心不要燒焦或弄碎，一次別下太多豆腐，分批慢慢煎，最後再全部入鍋，加入少許的醬油與糖，潤色與添加風味即可。

●炒青菜：除紅蘿蔔與筍絲有時會一起炒，其他青蔬大多單樣自炒，且為盡量保留食材的清脆口感，每樣都不會久煮。（這是中、南部潤餅的典型作法，明顯有別於北部的「混煮」。）

●疊潤餅皮：潤餅皮買回家，要先一張張撕開，每一張對折再對折後排放在盤中，覆上溼的棉布。這樣可避免用時因餅皮黏在一起而撕破，也可減少放置過久而風乾的風險。

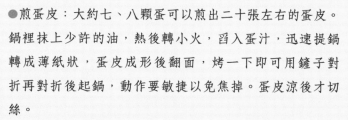

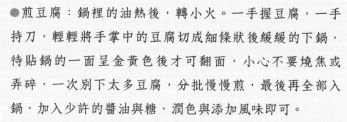

餐桌筆記

台灣潤餅考

大約一九九二年冬天，朋友邀我到她家作客，我才知道北部人在尾牙吃潤餅，那時距離我家從彰化遷居板橋已近十年，在匆匆的客居心態之下，我只知北部人會在尾牙吃割包（刈包），沒想到他們還把彰化清明時節吃的潤餅搬上桌。那頓尾牙的潤餅宴著實讓我大吃一驚，桌上擺出花枝、蝦仁、蚵仔、雞肉、魚肉、豬肉和各式青蔬，可說是山珍海味，遠遠超出我自小認知以青蔬為主軸搭配少許豬肉潤滑的彰化潤餅，原來潤餅還有這樣的吃法！

為何北部人在尾牙吃潤餅？據友人父親所言，應是南北氣候不同，農作物收成時間不一所致。如今十多年過去，冷冽冬日裡澎湃的潤餅料，確實對我家今日極致版潤餅的誕生有著啟蒙作用，但對於當時友人父親的說法，我卻始終一知半解，直到最近翻閱許多文獻才慢慢了解其中原委。

追究潤餅的潤字乃由「年」轉化而來，一年好似一輪，於是「年」餅轉成「輪」餅，最後「輪」音又輪成「潤」，「潤餅」便誕生了。吃「潤餅」就是吃「年餅」。遠在唐山歲月，吃「年餅」的習慣便傳承了千年以上，《四時寶鑑》記載：「立春日，唐人作春餅生菜，號春盤。」立春，二十四節氣之首，穀物播種之時，對以農立國的人們來說，立春吃春盤，年復一年，春盤也成年餅。而隨著人群的遷移從北到南，一代傳一代，不管是春盤、春餅或薄餅，都是年餅的化身。到了明清時期，士、農、工、商各自崢嶸，社會多元，吃年餅不再侷限於立

●彰化的清明節，市場上到處可見拭潤餅皮的攤子，捲潤餅的攤子更是忙碌，為了應付購買的人龍，一次要捲好多捲。

春，從每年的冬至、尾牙、除夕、到隔年的元宵、頭牙與清明，各地生活過得去的人都會選擇適合自己的時節吃年餅。年餅，一張薄薄的餅皮包裹著各式菜料，宛如包金包銀，既是過去一年生活富足的象徵，也有期許來年好運的寓意。

移民初期，剛從唐山來到台灣的人們，可能沒有多少人有餘裕享受年餅的滋味。乾隆二十八年（一七六三）從福建泉州府德化調來台灣鳳山縣署任教諭的朱仕玠，以一種「凡山川風土、昆蟲草木與內地殊異者，無不手錄之」的心情，將自己一年多的旅台經驗寫成了《小琉球漫誌》，書中出現了台人過清明節，「民家合宅男女，邀集親戚上墳，祭畢則聚飲墳上」的情景，不過卻沒有提到清明吃潤餅的習俗，倒是寫特殊景物滸苔時留下「每食薄餅，用滸苔下之」的描述。

《小琉球漫誌》之後約一甲子，道光十六年（一八三六）誕生的《彰化縣志》，首次記載台人在農曆三月三以「薄餅」祀先祭墓的習俗，之後，光緒十九年、二十年（一八九四）陸續完成的《澎湖縣志》、《雲林縣采訪冊》也有清明節或三月三日吃春餅或食薄餅的紀錄。而翻開日治初年完成的《安平縣雜記》，春餅或薄餅更成了潤餅，成為漳州或泉州同安人於三月三日掃墓時的祭品。

從這些零星片斷的歷史紀錄，可約略推斷道光以後，原本動盪的台灣移民社會漸漸穩定，清明或三月三日吃潤餅的習俗開始養成，然後在光緒年間大盛，只是不管如何的興盛，這習俗可能只侷限於中南部，同樣成書於道光至光緒年間的方志如《噶瑪蘭廳志》、《淡水廳志》或《苗栗縣志》等，都遍尋不著有關清明節吃潤餅的記載。北部人到底何時開始吃潤餅，也許難於確知，不過，翻讀日治時期的文獻不難發現，潤餅在當時已進入北部人的生活，他們不只在尾牙吃潤餅，連除夕、新年、元宵或者頭牙的餐桌都可見潤餅的蹤影。

也許可以說台灣人吃潤餅的習慣是隨著拓墾的方向，從南往北蔓延。起初，在陽光一派普照的中南部，農作物一年可以三熟，農事期間拉長到快過年，而立春緊接下田播種，到了三月三或清明上山掃墓時，田大概都插完秧，有一種萬事齊備的段落感，讓人可以從容的停下腳步來吃年餅（潤餅）祭祖。後來開發腳步北移，受限於氣候，農作物一年只有二熟，到了農曆十一月田裡的作業大多歇了下來，距離過年似乎還有一段喘息的空間，於是冬至的祭祖或尾牙的拜土地公，成了吃年餅的好時機，最後連除夕的餐桌都可見。而北部在台灣數百年的開發歷史中，雖為後起之秀，但也許因自然的侷限或者歷史的機遇，它卻有別於南部的以農為主，轉而發展成一個重商的社會；商人視尾牙與頭牙為重要的年關，做為年餅的潤餅自然而然地也出現在做牙的宴席上，漸漸的隨著商業蓬勃發展，尾牙吃潤餅成為北部的一種習俗。只是，後來有人嫌吃潤餅麻煩，改吃起割包。

幾年前有美食達人前往大陸為台灣的潤餅尋根，結果台灣北部的潤餅被歸為廈門派，南部的潤餅則被劃在泉州之流。雖然台灣的潤餅源自大陸，但如果將它放回島上開發的歷史脈絡來看，這種南北差異造就的潤餅現象可是台灣獨有，因此說是台灣特殊風土孕育出來的「台灣派」潤餅，也許不為過吧。

初夏吃烏魚子。

春天的腳步越來越輕，夏天好像來了，
但烏魚子象徵的冬味好像還盤據在我的心中，久久不散。
記憶中，父親很喜歡吃烏魚，
每年冬天寒流一到，
我家廚房就會飄出「青蒜煮烏魚」的味道，
而烏魚子卻是偶爾吃辦桌才會遇上的難得珍味。

「這是台灣名產烏魚子，不過這是去年陳貨，色重鮮褪，等今年冬季新烏魚子上市，用烤烏魚子來下酒，你們就知道它的清逸浥潤，是下酒的妙品啦。」

春天的腳步越來越輕，夏天好像來了，但翻閱唐魯孫所寫的《酸甜苦辣鹹》，讀到〈下酒雋品烏魚子〉一文，烏魚子象徵的冬味好像還盤據在我的心中，久久不散。是的，就在不久之前，冰箱裡最後的那半片烏魚子，才被我磨成粉粒、煮成烏魚子義大利麵吃下肚了。我不知留存到春末才吃的烏魚子還算不算得上

「新貨」，抑或已經淪為「陳貨」，不過，不管「陳」或「新」，對我而言，這一直到夏初都還能品嚐得到的冬味就是難得。

唐魯孫，這位吃遍大江南北的美食家，在書中還提到，從前人在大陸時，他只聽聞台灣冬天盛產烏魚，但是不知有「烏魚子」。一九四六年來台後，他在酒家見識了一盤烤得金光燦爛的烏魚子；在那個時代，唐魯孫口中「琅玕瑩琇，清鮮味永，芳而不濡」的烏魚子，可不是一般台灣人都識得的。普通人家熟悉的應是那剖腹取走烏魚子後的烏魚滋味。對一九六〇年代出生的我來說，高中時代以前的冬天就是充滿烏魚的味道，烏魚子則是偶爾吃辦桌才會遇上的珍貴的「模糊滋味」。

記憶中，父親很喜歡吃烏魚。每年冬天一到，他總緊盯著報紙或電視新聞，注意寒流來襲的消息。寒流來了，烏魚也來了，然後廚房就會飄出「青蒜煮烏魚」的味道，帶著濃濃土味的烏魚，似乎得靠青蒜掩護才能襯出鮮味，數十年來，母親就這樣一成不變的在寒流來臨的冬日裡煮著這道菜。父親則年年吃，年年吃得津津有味，而我們孩子即使有人不喜青蒜的衝味、不愛烏魚的土味，也被訓練成在寒冬的日子裡理所當然接受這樣的味道。「青蒜煮烏魚」、冬天與寒流，就這樣深深的纏繫在我的成長歲月裡。

而那段年少歲月，烏魚總一如往常的在每年冬天，從中國長江出海口來到台灣海峽較溫暖的海域避寒產卵，漁人也如常的大撈一筆，將串串魚卵製成疊疊的金黃烏魚子。不過，當時的我就是弄不清楚烏魚與寒流的關係，更不會將烏魚的土味與辨桌上那難得的烏魚子珍味連結在一起。

好多年過去，在越來越琳琅滿目的冬天餐桌上，青蒜煮烏魚的味道漸漸被蓋過去了，有時還會聽到父親感嘆烏魚都不來了！父親往生後，冬天來，好像也沒有人在乎餐桌是否飄出青蒜煮烏魚的味道，倒是圍爐吃年夜飯時，金黃的烏魚子一年比一年耀眼。冬至前後，經鹽漬、板壓，又歷南部冬陽火煉濃縮，正好趕上過年前上市的烏魚子，似乎不再是富貴人家年夜飯的專利；而且大家吃烏魚子的日子，從大年夜算起，好像也越拖越長。對於怎樣吃烏魚子、烤烏魚子更是開始講究，以前我們家總是大火一烤，酥酥脆脆的就嚼起來了，現今在溫和的火力下也學起那些老饕，追求烏魚子浥潤而不黏牙的清妙口感。

台灣人吃魚子，自荷蘭時代起便屢見文獻記載，但十九世紀末，日本人來到台灣後，卻認為當時島上製作的烏魚子過於原始粗糙，而從長崎請來專家傳授技術。日人製作烏魚子已有三百多年的歷史，據說這套技術是從製作鯖魚卵的中國人的身上學來的，其中到底有沒有受到遙遠的地中海地區製作烏魚子的影響一直眾說紛紜。而追溯西方人製作烏魚子的歷史，可溯及西元前十五、六世紀在今中東一帶的腓尼基人，之後才由阿拉伯人將之帶進地中海地區。最後是否透過絲路與中國進行某種交流則不得而知。不過，可以確知的是在缺乏冷凍技術的時代，古人以鹽漬的方式讓當季盛產的魚保留到下個季節仍可食用，無意中也讓魚腹中的卵「漬」得更美味，於是造就了後世的人對這種味道的刻意追求。

這種刻意追求的味道，來到今日我家這張平凡的餐桌，雖然「難得」，但卻可能遺落了其中最重要的「季節味」與「區域感」。多年前，父親在世時，不是曾感嘆烏魚不來了嗎？那可能是因氣候變暖了，產卵的烏魚不需南下避寒了，也可能南下的途中就被中國沿岸的漁民捕走了。烏魚少了，烏魚子不是更難得嗎？但時至今日，烏魚子的版圖卻反而從富貴人家擴張到一般家庭的餐桌。這到底是怎麼回事？原來我家餐桌上的烏魚子，可能是自巴西或美國進口當地烏魚卵在台製作而成，或者直接來自台灣本地的養殖池。真正從大陸長江出海口而來的烏魚子，應該仍然昂貴得上不了我家的餐桌。

夏天就快到了，明明知道餐桌上的烏魚子可能不是隨寒流而來的，我卻還是想念著它的味道，想念著它的「冬味」，想念著兒時寒流來襲的冬日，想念著父親愛吃的青蒜煮烏魚。

●在台灣，蘿蔔搭烏魚子，可能是日治時期的遺風。日本人吃烏魚子已有三百多年的歷史，他們視烏魚子為三大珍味之一，喝酒配蘿蔔烏魚子更是風雅事。

烏魚宜蒜

「烏頭饞客啖，魚尾酒人嘗。煮濩宜同蒜，烹調不待薌。」那天，讀到鹿港詩人洪棄生於光緒十八年（一八九二）所寫〈食烏魚五十二韻〉當中的這幾句時，心中倍覺親切，原來這位善於寫諷諭詩的古典詩家也雅好父親所愛的青蒜煮烏魚。誰知，不久在光緒二十年寫成的《恆春縣志》，我又讀到：「此魚多子，與蒜同食下酒，風味頗雋。」看來，烏魚，不管是魚肉還是魚子都宜蒜，這不僅僅是個人喜好，還是台灣人吃烏魚吃了數百年所嚐出來的一種風味吧！

翻開台灣的歷史文獻，從荷蘭時代以來，幾乎沒有作者可以忽略烏魚在台灣的存在。「烏魚於冬至前後盛出，由諸邑鹿仔港先出，次及安平鎮大港，後至瑯嶠海腳，於石鍏處放子，仍回北路。或云自黃河來。冬至前所捕之魚名曰正頭烏，則肥；冬至後所捕之魚，名曰倒頭烏，則瘦。漁人有自廈門、彭湖伺其來時赴台採捕。」雍正二年（一七二四），黃叔璥於《台海使槎錄》中如此記載台灣特有的捕烏業。三、四百年來，在這年復一年的捕烏中，台灣島上的人除了知悉冬至前的烏魚肥而味美，冬至後則瘦而味劣外，也建立一套獨特的食用方法。

台灣的第一本地方志，比《台海使槎錄》早了大約三十年完成的《台灣府志》寫到烏魚「其子晒乾，可羅嘉珍」，而成書於康熙五十六年（一七一七）的《諸羅縣志》更進一步對烏魚的各個食用部位做了完整而扼要的描述：「腎狀似荊蕉，極白。雌者子兩片，似通印子而大；薄醃晒乾，明於琥珀，肶圓如小錠。鮮食脆甚；乾而析之，似鰇魚。」

「雌者子」當然就是烏魚子，它是雌烏魚的卵巢；而極白似荊蕉的腎是雄烏魚的精巢，俗稱膘；至於肶（俗稱腱）則是烏魚的胃囊，鮮食爽脆，晒乾後泡煮口感似魷魚。可見近三百年前，人們早就透澈了解烏魚每個可食部位的美味而傳承至今。而對烏魚子極味的追尋，約百年前連橫的《台灣通史》也有這樣的記述：「食時濡酒，文火烤之，皮起細胞，不可過焦，切為薄片，味極甘香。」我們現在不就是如此品味著那文火催化出來的烏魚子甘香，當然如果還能與蒜同食，那風味就更迷人了。

如此吃來，從父親喜愛的青蒜煮烏魚開始，穿過詩人的筆端，越過一本本的志書史冊，「烏魚宜蒜」在台灣還真經得起時間的考驗！

●台灣人自清朝以來即愛青蒜烏魚。在我家，烏魚買回後，魚的中段，母親會煎了直接端上桌，頭尾的部分則煎過後加水，連同肝和肶一起續煮，起鍋前再加入大把青蒜，煮成父親生前喜愛的青蒜烏魚。

立夏，記得吃蒲仔麵。

飽滿的外形、剖開來雪白多汁的內在，
蒲仔在母親心中「肥又白」的想像是堅定不移的。
每年立夏，她都會用蝦米炒蒲仔麵，
大把去皮刨絲的蒲仔炒入麵中，
幾隻紅紅的蝦米，點綴在水漾般的綠色蒲仔絲間，
淡淡的香氣更襯出蒲仔的爽口清甜。

似乎好多年沒吃了，我甚至忘記我們家有這個習慣。昨天，要上市場時，母親突然說記得買顆蒲仔（也稱匏子、瓠子等）和一些麵回來，明天才可以炒蒲仔麵吃。吃蒲仔麵，難道明天是立夏？

以前家在彰化時，每年立夏這天，母親都會用蝦米炒蒲仔麵，大把去皮刨絲的蒲仔炒入麵中，幾隻紅紅的蝦米，點綴在水漾般的綠色蒲仔絲間，淡淡的香氣更襯出蒲仔的無

比清甜。我們孩子就這樣理所當然的吃著，日子一年一年過去，竟沒有人刻意去記住這一年才吃一次的難得味道，以至於當我們舉家北遷後，無人在意這種家鄉的季節味道，是否也隨著遷徙。

在北部的這段歲月，立夏吃蝦米蒲仔麵，完全依靠母親的記性。也許因為缺少左鄰右舍的招呼，也沒有市場的吆喝氣氛，母親有時會忘了立夏的來臨，等她想起來時，可能二、三年過去了，難得今年母親又記起來了。

捧著這一碗難得的蝦米蒲仔麵，我一時興起問母親為什麼立夏要吃這？蝦米炒蒲仔麵的「蝦」和立夏的「夏」一樣啊（台語發音都是he）！所以立夏吃蝦米蒲仔麵就成了再自然不過的事。儘管有此一說，不過，母親心中無疑更相信「吃蒲仔才會肥又白」的這一句話。

「立夏日，家食匏子和大麵作羹，俗以食之令人肥白。」《雲林縣采訪冊》的這段文字似乎與母親的話語相呼應著。《雲林縣采訪冊》成書於清光緒二十年（一八九四），而晚它數年寫成的《嘉義管內采訪冊》也有立夏「食此瓠子，令人肥白」的記載，其中打貓東堡一地還稱「四月立夏日，人民設有旨酒嘉肴，食之，俗曰『補夏』」。一八九四年，距今一百多年了，立夏「補夏」伴隨著讓人食之肥又白的蒲仔麵，隨著歲月的流轉，有些地方還發展出「立夏補老父」的習俗。

立夏，進入夏天的第一個節氣，到達夏至之前，還要面臨小滿、芒種的考驗，是一段漫漫酷暑裡的夏耘，因此，一如立冬補冬，立夏也要補夏，才有足夠的體力應付烈日當空的田間作息，但此時要的是涼補而非熱補。那一顆顆正當令、吃來爽口的蒲仔正好派上用場，它那圓葫蘆的成熟身子，從中剖半現出了雪白多汁的肉身，清涼之餘，常賦予人們「肥又白」的無限想像。是啊！在終日頂著太陽勞動的農業時代，誰不渴望一個「肥又白」的富貴身軀。而老父年復一年佇立於田間以致日漸枯黑的身影，看在一些為人子女者的眼裡總是不忍的，於是「立夏補夏」與「立夏補老父」有時就疊合在一起。

母親的經驗裡雖沒有「立夏補老父」的記憶，但蒲仔在她心中形塑的「肥又白」的想像是堅定不移的。當然這個想像與立夏這一天是緊密不可分的。只要記得這個日子，抓住這一天端上一盤蒲仔麵，就可以為家人帶來一個美麗的想像，怎可輕易放手呢？多少年過去了，立夏的記憶在母親與歲月的競逐中時隱時顯，我就這樣斷斷續續吃著母親炒的這一碗蒲仔麵。

那天偶然得知，以前泉州人會在立夏這天吃蝦麵，既取「蝦」的閩南語發音同「夏」（he），又以海蝦煮熟後的紅色，對夏天的來臨施以祝願。嗯！母親以蝦米增添蒲仔麵的願力，確實不是沒來由的。歲月悠悠，母親的這一碗蝦米蒲仔麵竟濃縮著如此曲折深遠的味道，來年的立夏，我一定要幫母親記得，也幫自己記得，讓蝦米蒲仔麵的味道在我家長長久久。

母親的手路

炒蒲仔麵

蒲仔麵，在我家其實就是炒麵的一種，材料除了蒲仔與油麵外，就是一般炒麵必備的蝦米、香菇絲和肉絲了，當然最後還會有切段的韭菜。

首先是熱油鍋，爆香蝦米與香菇絲後，加入肉絲續炒，此時可下一些醬油，調味兼增加香氣，接著就可以倒入大把大把的蒲仔絲，翻炒一番後，加入一些清水（不同於年節炒麵通常會加入煮過牲禮的高湯），蓋鍋燜煮一下。水分一定要夠，等一下放入油麵拌炒時，才不會讓麵條過於乾澀，炒麵必須吸足湯汁，收乾後才能有滑溜飽滿的口感。

當然蒲仔麵的主角還是要回歸到蒲仔的身上，母親習慣將它刨成細絲，結果經過一番翻炒與燜煮之後，隨著麵條送進嘴裡時，其實已感覺不到它的存在，但仔細的品味，這蒲仔麵吃來還是跟年節時吃到的炒麵不大一樣，少了高湯油脂滋潤的濃重，反倒襯出一股蔬菜的清甜——這就是蒲仔的另一種存在吧，蒲仔麵果然是迎接夏天來臨時最適合吃的一道麵。

蒲仔麵從哪裡來

「每年在夏至那天照例要吃蒲絲餅，用瓠子切絲煮熟，加麵粉白糖和勻，入油中煎之，每片約如手掌大，是祭祖供品之一。」

雖然蒲絲餅與蒲仔麵不同，享用的時節也不一樣，但那天翻到周作人《知堂談吃》的〈瓠仔湯〉，乍見蒲絲餅從他家鄉紹興的夏至回憶裡浮現時，還是覺得很興奮，或者更確切地說，是被這兩者的差別勾起想要一探究竟的好奇心。

中國長江中下游一帶，夏至，新麥上市，早稻也插秧完畢，農村普遍會「做夏至」祭祖，並且「吃麵嚐新」以求好彩頭，而此時正當季的蒲仔，在紹興一帶就伴著新麥以蒲絲餅的面貌呈到祭祖的供桌上。

閩南地區的新麥於立夏就收成了。立夏那天，漳州地區的人除了宰雞、買肉進補，也會吃不加鹼的白麵條，並稱此為「補夏」。泉州人除了吃蝦麵，出嫁的女兒也會備妥豬肉、豬肚、豬腰、雞蛋、麵線等物，送回娘家，供父母享用，這也是「補夏」。

從長江中下游到了更南邊的閩南地區，麥田的收成從夏至提前到立夏，不過儘管同樣都吃著麵過著收穫節，但閩南一帶的人似乎不再強調「吃麵嚐新」，取而代之的是「補夏」，是的，天氣越來越炎熱，消除暑氣更需要體力。

而渡過黑水溝以後，麥子幾乎找不到落腳處，稻田卻一瀉千里，獨霸一方，來自閩南的人們雖然繼續在立夏這天吃著麵，但「吃麵嚐新」的念頭早已不知去向，而麵裡被泉州人看重的蝦子也不是那麼必要，取而代之的是昔日紹興人會在夏至吃的蒲仔。雖不知紹興人為何挑上蒲仔，但這些閩南移民立足台灣這塊土地後，已有一套自己看待蒲仔的角度，就是將它當作吃了可以「肥又白」的寄託。在「肥又白」的想像中，原鄉出嫁女兒在立夏為娘家父母所作的「補夏」，來到台灣，順應稻米的成長過程轉成「立夏補老父」的習俗，而既然補了父親，當然不能忘了母親，前一個節氣的「穀雨補老母」便因應而生。

「清明櫃，穀雨穗」，流傳在台灣南部的這句諺語訴說著立春以來陸續插下的秧苗，到了清明時一片綠油油，原本扁扁的稻莖不但開始慢慢的長分蘗，也逐漸變圓。櫃，懷孕之意。進入穀雨後，圓了身的稻莖蘗端含苞了，不久就要抽穗生子。結果立夏一到，含苞的稻株終於抽穗開花，吐蕊之間，雄雌雙蕊自相授粉結了實，孩子生了出來。這一切看在農人眼裡，忍不住說出：「立夏稻仔做老父」。而立夏的稻子如是老父，那穀雨的稻子就像大肚子的母親。也許就是這些田間想像的牽繫，讓人們想起養育自己的父母，立夏的補夏便成了補老父，相對的穀雨就是為老母進補的好時機。「穀雨補老母」，到底用什麼來補呢？諺言裡並沒有多說，至於「立夏補老父」呢？雖有說以豬腳麵線補之，但大部分的人還是會想到蒲仔麵。立夏盛產的蒲仔長得還真「對時」，它那飽滿的外形與剖開來雪白多汁的內在，所創造的「肥又白」的意象，一方面符合台灣夏日飲食的需要，另一方面又滿足昔日農業社會人們想「補」、想追求者，那是一種對「富貴」生活的「美好」想像。

台灣立夏的蒲仔麵，或者我家的蝦米蒲仔麵，其中的麵也許是遙遠中國麥作文化的遺緒，而蝦米也可能是原鄉記憶的殘留，但蒲仔應該是適應台灣風土後的一種「道地」選擇！看來，雖同樣品嚐著當令蒲仔的清甜，但周作人兒時吃的蒲絲餅與我家的蒲仔麵，卻各自說著不同地域風土的歲時故事。

油飯與麻油雞的法力。

不管七娘媽代表的是哪個神祇，在母親心中，只要油飯與麻油雞一上七夕的供桌，就訴盡了她對祂們共同的想像。在那想像的盡頭有著做為一個母親，甚至一個祖母為著一代接一代的生命延續所獻出的願力和法力。

長久以來，我一直認為只有坐月子的婦人才吃麻油雞，而油飯也是小兒滿月才會出現的食物。在我們這個過了生育與哺乳新生兒階段的家庭裡，平日從沒有人會動念去煮這兩樣食物，即使到外面的飲食攤也很少點用。可是這一天卻例外，那就是農曆七月七日的七夕情人節。

每年的這一天，一大早，母親就在廚房裡揮汗準備大鍋蒸煮糯米，熱氣雄糾糾，一旁炒鍋裡熱油也加溫了，香菇、蝦米、肉絲，還有油蔥酥一下，大

火滋滋，糯米的拌料大功告成，不久蒸氣號角炊熟的白色糯米粒出爐，拌料裡走一回，換上晶瑩油亮的外衣，油飯便粒粒軒昂而生。

就在空氣中盈滿油飯的氣味時，廚房裡的另一場盛事也展開了。大火猛一催，麻油與薑片相互激勵，那氣勢壓倒了一切，讓人飢腸難耐，而鮮嫩的雞肉一進場，翻滾之間，更無人可以抵擋。終於，等到那磅礴的氣勢被收攝在一碗麻油雞湯裡。

麻油雞隨著油飯上桌了，但轆轆的飢腸一時仍得不到安撫，因為它們是母親準備用來祭拜「七娘媽」和「床母」的祭品，得先上神明桌才行。有人說七娘媽就是在七夕這天與牛郎相會的織女，也有人說祂是玉皇大帝的女兒，更有人說七娘媽就是註生娘娘或臨水夫人。臨水夫人，福建古田縣臨水人，民間神話故事裡善於收妖的陳靖姑就是她，為了收妖，陳靖姑年紀輕輕便難產而死，臨死前發願

要守護懷孕的婦人，而註生娘娘則是民間求子者的希望。至於床母則是床鋪之神，孩子從出生就受其保護與照顧，祂常常與臨水夫人的隨從「婆姐」疊合在一起。

到底這一個又一個孕育生命、保佑孩子成長的女神們，如何從牛郎織女浪漫的夏日愛情傳說中走來，化身在七娘媽的身上？漫漫歷史長河，這一切實非母親之力所能深究。

不過，不管七娘媽代表的是哪個神祇，在母親心中，只要油飯與麻油雞一上供桌，就訴盡了她對祂們共同的想像。在那想像的盡頭有著做為一個母親，甚至一個祖母為著一代接一代的生命延續所獻出的願力和法力。

雖然近年來在商人的炒作下，中國情人節的面紗日漸掩蓋了七娘媽或床母的容貌，但我想只要這七夕的油飯與麻油雞依舊存在，七娘媽與床母的輪廓就會永保清晰。

炎炎夏日似乎要走了，看著七夕那天所拍下的油飯與麻油雞，我好像著了母親頂著酷暑在廚房裡揮汗施展的魔法，肚子越來越餓，只盼望明年的七夕趕快來！

母親的手路

蒸油飯與煮麻油雞

母親說她出嫁前，住在當時彰化市郊外的農家，七夕的供桌上並沒有麻油雞酒，只有米糕，而且是甜鹹兩種口味的米糕。嫁到彰化市街上，才學左鄰右舍奉上雞酒與油飯。

油飯與米糕到底有什麼差別？《台灣的年節》作者廖漢臣提到清代台灣正月元旦時會以紅白米糕禮神祭祖，而所謂紅白米糕：「用糯米製成，紅是甜的，白是鹹的，甜的拌糖，白的拌油而雜猪肉、香菇、蝦米等佐料。」

看來清代的紅白米糕就是母親所說的甜米糕與鹹米糕。現在一般甜米糕大多是糯米蒸熟後，拌糖或甜料再蒸。鹹米糕的作法則十分多樣，如坊間的筒仔米糕或紅蟳米糕，都是糯米蒸熟後，拌料或佐料再蒸煮一次；而有名的台南米糕則是糯米蒸熟後淋上肉燥等佐料而成。至於油飯大多指鹹的吧！一般的作法是糯米蒸熟後，拌入香菇、蝦米、豬肉、油蔥酥和醬油炒熟的料。有時母親也會直接以生糯米炒料，炒至半熟加少許的水，再炒至水分收乾，或者加足水分後燜熟（類似鹹飯的作法）。母親回憶裡的鹹米糕，煮法就像今天家裡的油飯一樣，油飯應該就是一種鹹米糕吧！只不過油飯一詞大多用在與生育有關的場合。

而麻油雞酒的作法大致是將薑切片放入熱麻油鍋中，炒至香味飄出後，加入生雞肉塊翻炒，最後倒入米酒滾煮至熟。有時母親擔心酒的分量過重，會以半水半酒煮之，不過，無論如何都要煮至酒精完全蒸發。

愛情結晶的麻油雞與油飯

記得小時候七夕出現在七娘媽供桌的祭品，除了麻油雞與七碗油飯，還有糖粿（軟粿），圓仔花（或者雞冠花）和胭脂凸粉等等。據說胭脂凸粉是要給織女化妝以便和牛郎相會，似湯圓但中間留有手指按捺凹痕的糖粿則是為了承接織女相思的眼淚。這些烘托牛郎與織女愛情故事的祭品會出現是無庸置疑的，但為何要奉上麻油雞與油飯呢？還有七夕明明是牛郎與織女相會的日子，為什麼母親又會說它是七娘媽生？七夕是織女的誕辰？它與麻油雞與油飯的出現有關嗎？

翻開清代台灣的文獻，有關七夕的記載，大多是士子祀魁星，讀書人會在晚間舉行魁星會，備酒肴歡飲以敬師，因為這天是主宰考運的魁星生日。而此日又稱為乞巧節，一般人家則在夜裡舉行「乞巧會」，紙糊彩亭，備牲醴、花粉、果品等於庭中向七娘（也有人稱七星孃）祝壽，七娘就是織女，而這一切無非期望家中女兒也能像織女一樣擁有一雙巧手。末了，大家還會吃拌糖的黃豆、龍眼或芋頭之類的食物，希望可以早日與人結緣。

如此的「乞巧結緣」，大多沿襲自原鄉唐山（大陸）。七夕的牛郎織女，最早以星宿名見於周朝的《詩經・小雅・大東》，流傳到漢唐，織女成了天帝的女兒或外孫，其與牛郎的愛情故事也誕生了。牛郎織女因愛而荒廢工作，最後被迫分離，這個帶有懲罰意味的悲劇，聽來反讓人心生憐愛與嚮往，於是忍不住於七夕向織女「乞巧」，並祈求能早日結好緣。而結緣之後，當然期待有愛情的結晶。雖然故事的發展有各種不同的

●凸粉是給七娘媽化妝用的，以前的人祭拜後，會同鮮花拋上屋頂，僅留下一小部分自己使用，據說可以讓人變得同七娘媽一樣美麗。

●供桌上的雞冠花與圓仔花，種子極多，象徵多子的願望。而油飯又是對七娘媽庇佑的感謝。

版本，但來到閩南地區，牛郎織女的七夕相會演變成七仙女的故事，六個仙女姐姐協助小妹織女，照顧她與牛郎生下的孩子，愛情的使者成了幼兒的守護神，織女從七星孃、七娘開始轉變成七娘媽，慢慢的七娘媽不只表述織女或是天帝的第七個女兒一人，祂代表的是天帝的七個女兒、七位仙女，有時更成了北斗七星的七個配偶神。七夕這個日子，也成了「七娘媽」的誕辰。

織女與牛郎的故事傳進台灣，織女已成七娘，七夕那夜供桌也擺出七枚蛋、七碗白飯，不過在文人雅士筆下的七夕仍是帶著愛情色彩的「乞巧結緣」。一直到道光年間，織女的兒童守護神角色才在台灣志書中慢慢被彰顯出來，如向織女乞巧的彩亭，在道光十六年（一八三六）完成的《彰化縣志》便稱為「七娘亭」。光緒年間，進入日治時期的《嘉義管內采訪冊》以及《安平縣雜記》也皆如此稱之，後者還言：「七夕，有子年十六歲者，必於是年買紙糊彩亭一座，名曰『七娘亭』。備花粉、香果、酒醴、三牲、鴨蛋七枚、飯一碗，於七夕晚間，命道士祭獻，名曰『出婆姐』。言其長成不須乳養也。」所謂「婆姐」即臨水夫人的女婢，民間傳說無論男女年幼時皆由婆姐保護。至此，七娘媽在台灣站穩了兒童守護神的地位，但長久以來，祂也一直與民間另一個生育之神臨水夫人交疊在一起。

雍正十年（一七三二），清廷開放移民攜眷來台，婦女與幼兒的出現安定了原本浮動不安的移民社會，但面對異地的水土，婦孺的生命終究還是需要信仰力量的支持，於是一些原鄉的護幼神明也隨之被請到台灣——臨水夫人保護懷孕的婦女，孩子生下後交由祂的隨從婆姐照顧到十六歲，無法生育的婦女則可求助於註生娘娘。不過，在充滿變動的早期移民社會，有時人們會將臨水夫人想成註生娘娘，而七娘媽又成了臨水夫人的化身。

今日台南以七娘媽作為主祀神的開隆宮內，留有一塊雍正年間題為「三奶宮」的碑記，三奶宮指的即是包含臨水夫人在內的三位民間保護婦幼的女神，似乎在訴說著人們賦予這些神明萬能的期待。在這段歷史裡，臨水夫人旁邊的「婆姐」走入有幼兒的家庭，變身為更可親的「床母」，一直護佑著孩子成長。

移民的社會落實了，對於愛情不再只停留於浪漫的想像，人們需要的是一個堅實的家。織女化身的七娘媽，終於轉變成每個家庭都需要的兒童守護神，七夕一到拜「七娘媽」，也一併感謝了「床母」。而此時奉上母親生育後的補品「麻油雞酒」與慶賀孩子出生滿月的「油飯」，是再自然不過的事。

●我家七夕供桌上有一大碗麻油雞，加上七碗油飯，七碗象徵祭拜的七娘媽不只是織女一位，而是包含織女在內的七位仙女。

九月裡的「五月粽」。

母親一手握粽葉，一手迅速在生米與餡料間周旋，
一轉眼，只見手指在粽葉和粽繩間出神入化，
一粒粒有稜有角的粽子便飽滿成串，
就等那大鍋裡的水沸了……
如此年復一年的歷經一番又一番的大工程，
終於孕育出這般無可取代的味道。

中秋早過，幾粒「五月粽」卻還躺在冰箱的冷凍庫裡，想吃又吃不得。每年的端午，母親都會包粽子，友人總要我留幾粒給她吃。

怎麼還不來吃呢？日子一天天的過去，母親不時的催促著。快了，這陣子忙完就過去，在朋友的心中，母親包的粽子就像她台南家鄉的媽媽包的一樣，有她難以割捨的味道。

那是一種用大鍋水慢慢將生米煮透的味道，有著北部熟米蒸粽所沒有的氣息，綿密的氣息讓長

●家裡的粽子雖被歸為「南部的水煮粽」，但只在滾水鍋裡待了約五十鐘，起鍋後糯米熟軟中仍粒粒有形；而少說要煮數小時的台南粽則糯米粒粒難分難捨。

長的糯米粒將它的精髓盡釋，吃在嘴裡，齒間盡是溫柔的回味。

記得剛搬離彰化落腳北部時，偶爾買了外面現成的粽子來吃，竟一時適應不來，以為粽子尚未煮熟，那時我心想，粽子不都是走過這條水煮的路才誕生的麼？殊不知還有北部這種先將糯米煮熟再包入粽葉蒸成的粽子。原來台灣粽還有南北之分。

如今北部一住也有一、二十年，雖也漸漸懂得欣賞北部粽，在粒粒堅挺的米粒中，咀嚼散發著硬漢氣魄的香氣，但心中認定的粽子，還是家裡帶著所謂南部溫柔口味的水煮粽（明明中部一帶的粽子也都是如此作法，卻被北部人通通稱為南部粽），我想家鄉在台南的友人也是這麼想，才會那麼想吃媽媽包的粽子。

當然這種「南部口味」的練就依靠的是家的支撐，媽媽的培養。我想，北部人對於北部粽子口味的追求一定也有著同樣的歷程。

每回端午節前幾天家中飄出的油蔥酥氣味，便是我心中粽子口味營造的開始。母親忍著淚水切紅蔥頭，空氣中的辛嗆在熱油中轉為帶甜氣的香酥。糯米、香菇、蝦米、花生、栗子還有鹹蛋黃，廚房裡的顏色隨之越堆越花俏。末了，水龍頭一打開，大水盆裡的竹葉也逐葉的開展、去塵成了粽葉。幾天幾夜以來，各色材料該洗、該泡、該切的，終就緒，就等大火一開，餡料完成，包粽的工程就要進入高潮。

母親一手握粽葉，一手迅速在生米與餡料間周旋，一轉眼，只見手指在粽葉和粽繩間出神入化，一粒粒有稜有角的粽子便飽滿成串，就等那大鍋裡的水沸了，沸水滾啊滾，滾得我好心急，就這麼焦急地等了五十分鐘，粽葉裡的生米才熟透，裹著竹葉的清香與餡料滋潤的圓潤，如此年復一年的歷經一番又一番的大工程，我心中的粽子終於孕育出這般無可取代的味道。

我無法想像沒有包粽子的端午節，那是何等失落的滋味？今年端午節，我因腹部剛動過手術，體力尚未復原，無法當媽媽的助手，想著那浩大的包粽工程，一度要母親也別忙了，就買現成的。不過說歸說，最後吃到媽媽堅持包出來的端午粽，那種美在心頭的滋味真是無法言喻。是的，現在「南部粽」雖很容易就能買到手，但煮粽子的大鍋水沒有燒開，空氣中少了油蔥酥氣味，那粽子終究不是我的粽子，也終究不是友人想吃的媽媽包的粽子。

轉眼，秋分又將過，友人終於來了，她滿足的拿走了冰箱裡的冷凍粽子。而我已經在期待明年端午節的來臨，希望明年也有粽子從我的手中包出來……

●有稜有角的粽子，是由母親那雙有力而又溫柔的手綁出來的。

母親的手路

炸油蔥酥與炒料

端午節吃粽子，從採買材料、清洗粽（竹）葉、準備餡料，包粽子到煮粽子，通常要耗費數天的時間。

在買齊材料，進入包粽子的前夕，母親會以炸油蔥酥做為準備餡料的序曲。首先將市場買回來的紅蔥頭清洗過後，便開始細切，這是最辛苦的一役，通常旁邊要備一台電風扇，吹散它那令人流淚的辛嗆味。然後入油鍋，慢慢的炸，當然油要足，油溫也要夠，特別是入鍋時，之後並要維持一定的火候，才能將紅蔥頭的辛嗆味轉化成一種酥透的香甜氣息而又不會炸過頭。

記得小時候吃的粽子並沒有像現在這般花俏，包栗子又包鹹蛋黃的，通常只包著以香菇、蝦米和豬肉炒出來的料，頂多加個花生就很豐富了。因此，長久以來，炒料都是我家粽子味道呈現的重點，而油蔥酥則是炒料味道提升的所在。

母親做的炒料從熱油鍋開始，炒香蝦米和香菇，再倒入新鮮的豬肉塊一起炒（雖然是瘦肉為主，但也要帶點肥，包出來的粽子才會豐腴可口），然後撒入油蔥酥，搭配醬油、一點水和少許的胡椒粉，待肉熟了就起鍋，調味可說相當簡單，不像有人喜將炒料做成滷料。

不過，我就是喜愛這種單純的炒料，沒有過度的調味，飄著醬油甘味的油蔥酥氣息封住炒料的鮮味，等到將炒料包入糯米中，裹進粽葉裡，經過一番水煮後，糯米的米香與炒料的鮮味相互交融、貢獻出彼此最真實滋味的那一刻，油蔥酥的氣息隱沒到粽子的肌理深處，一種讓我百吃不厭的粽子就誕生了。

封存在鍋甕中的冬至味道。

冬至傍晚，廚房再度飄出濃濃的中藥燉雞氣息，
在這種讓人興奮異常的香氣裡，
母親同樣又另起一鍋，
水沸了，一束麵線下了，在滾水裡散開，
只有這一絲絲一縷縷的麵線才能婉轉地收攝起
那股想要竄進心頭、攻入飢腸的強大氣勢。

冬至了，我都還穿著短袖的衣服，但母親還是照往年一樣準備「進補」的食材。「進補」和「搓圓仔」是我們家冬至時必做的兩件大事。一大早，她就到市場拎了一隻現宰的雞回來，而藥材早就備妥。當然也不能忘了買麵線，而且還得挑那種柑仔店裡一束一束的手工麵線。打從我有記憶以來，我家冬至的那一鍋中藥燉雞，一定要配上麵線吃，彷彿只有這滑溜的線條才能抓得住所有的精

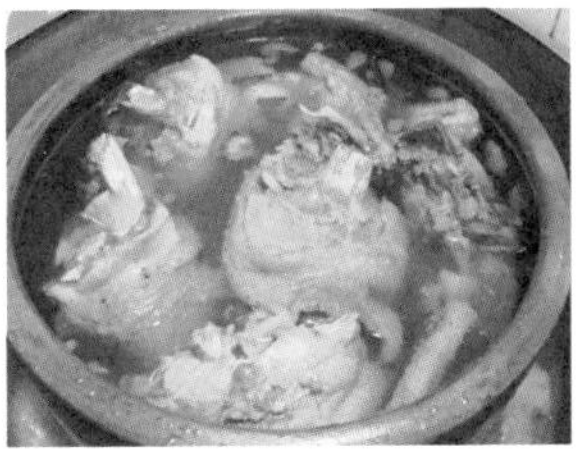

華，讓它們越過舌尖，深入我們的五臟六腑，達到滋補身心的功效。而如此一年又一年的吃著，有時麵線甚至成了冬至進補的靈魂，沒了它的冬至還真不行。

過午，我幫忙取出過年過節才用的大鍋（鼎），還有那個充滿古意的陶甕。甕底鋪滿藥材後，剛好足夠容納一整隻雞分量的雞塊，注入水和酒後，整個甕置入已放了水的大鍋中，大小也是那麼的剛好，鍋與甕之間留了一個小小的間隙可以進行隔水加熱，讓甕裡的雞肉在逐漸溫熱的酒水中慢慢吸收藥材精華而圓熟。

這個大鍋和陶甕都是我們從彰化老家帶來的，母親說這口鍋，在她嫁過來之前就存在了，也許是日本時代祖母買的，追憶它的年紀應該一甲子跑不掉，而與它配對的甕雖是購自母親的手，但少說也有三十年以上的資歷。

說是過年過節才用這鍋和甕，不過，正確的說法應該是一年用兩次，即入冬（立冬）和冬至這兩天。以前，在彰化時，我們只有冬至這天才會進補，但搬來板橋以後，發現北部人都在入冬這天進補。記得頭幾年，母親仍堅持我們家要等到冬至這天才進補，後來不知從什麼時候開

●一只走過一甲子歲月的老鍋，母親都會用它燉冬令進補的雞，慢火燉著，中藥的氣息瀰漫著，雞熟了，老鍋也越來越有味。

始，入冬這天，我們家的鍋和甕也從收藏櫃中被請了出來。從此，我們多了一次「補」可以吃，因為母親依然不願放棄冬至的進補。

多少年來，市面上冬令進補的食材變化多端、種類五花八門，但就像從來不肯放棄麵線一樣，母親也始終獨鍾燉雞一味。每年十一月七或八日的立冬我們吃一次，相隔約一個半月的冬至（十二月二十二或二十三日），再吃一次。今年一如往常，立冬過後的這個冬至，傍晚時刻，廚房再度飄出濃濃的中藥氣息，在這種讓人興奮異常的香氣裡，母親同樣又另起一鍋，水沸了，一束麵線下了，在滾水裡散開，只有這一絲絲一縷縷的麵線才能婉轉地收攝起那股想要竄進心頭、攻入飢腸的強大氣勢。

雞湯線麵上桌了，入口了，心也安了。嗯！用歷經歲月淬鍊的鍋甕封存的溫醇雞湯拌入麵線，所有生命的精華都濃縮在這一口滑溜有彈力的麵線中，長長的麵線牽著母親的堅持，從南到北，就是讓我們百吃不厭。

在這個季節混沌不明的時代，穿著薄衫的我吃完今年的第二碗雞湯線麵，終於確信立冬已過，而冬至來了。

母親的手路

雞血糕吸油法

立冬或冬至的前一晚，母親會事先準備一小盆的糯米，隔天連盆帶著這經過一夜浸泡的糯米至雞販處，請他宰雞時順便將雞血敥（滴）在糯米中，如此即可取得新鮮自製的雞血糕。

這只六十年歷史的老鍋與三十年歷史的陶甕是我家冬至燉雞的專用鍋具。燉雞的方式是採隔水加熱，也就是傳統的「燉法」。藥材、雞隻與酒水依次置入陶甕中，再將陶甕放入鍋中，陶甕與鍋間保留的間隙正好可加入適量的水進行隔水加熱。記得陶甕上要先覆蓋一重重的瓷盤，再蓋上鍋蓋。

燉了一段時間，雞肉半熟後，拿起瓷盤，覆上生的雞血糕，再蓋上瓷盤與鍋蓋繼續燉煮，雞血糕熟了剛好吸走雞湯的油脂，同時釋放部分精華溶入雞湯中，這便是母親去除雞湯浮油的方法。（若擔心雞血糕會半生不熟，也可事先蒸熟再放入。）

來喔！燒ㄟ米糕糜。

記得小時候彰化冬夜的街頭，常有人挑擔賣著米糕糜，
那甜甜的桂圓米糕糜，我並不愛吃，
不過每每聽到「燒ㄟ米糕糜」的叫賣聲，
我的心頭也會跟著暖起來。
如今寒流來襲，捧著媽媽煮的米糕糜，
而且還是我喜歡的鹹口味，不禁讓我從心頭一直暖到手腳。

有點出乎意料，那天中午，媽媽端出了一鍋米糕糜（粥）。紅色的枸杞從白霧裊裊的稠糜裡躍了出來，其間還有黑棗若隱若現，大瓢一舀，暗藏的白色雞肉絲也浮現了。一口喝下，發燙的舌尖還有一種溫溫的餘韻，那是糯米包藏著蔘鬚滲透的氣味，哇！好補的一碗米糕糜！

週日適逢尾牙，媽媽也「入境隨

俗」的準備了雞、豬和魚的三牲到附近土地公廟拜拜。以前在彰化時，一般人家是沒有「過尾牙」這回事，我家當然也不例外。遷居板橋後，突然發現北部人會在這天包潤餅或吃割包（刈包），尾牙好像不只是屬於商家的節日。不過，一、二十年住了下來，當中雖有過數次吃割包的紀錄，但那終究僅限嚐鮮而無法落實成為一種習慣。

今年，媽媽竟然大費周章的過起了尾牙，這天的餐桌也因而豐盛了起來。三牲裡的雞以白斬雞的樣貌被端上了桌，但一餐終究不可能吃完，剩下的要如何消化呢？沒想到，隔天它們就催化了這一鍋米糕糜。

米糕糜在我家也算少見，也許是這幾天強烈的冷空氣激發了媽媽的靈感吧！媽媽邊吃還邊說，以前沒錢的人家吃補，就用糯米燉補。是喔！我回應著，腦子不知不覺搜索起最近翻閱的一些台灣文獻，好像有這麼回事。燉米糕，糯米加糖煮熟後，再加入黑棗、桂圓肉、酒水一起蒸。據日治時期民俗學家池田敏雄的研究紀錄，「立冬補冬」時，再窮的人也會做米糕來度節。顯然，在媽媽這輩台灣人的心中，糯米可媲美肉類，具有抵擋寒冬的力氣。

於是面對這波冷到不行的冷氣團，繼立冬與冬至以燉雞為我們補過兩

回冬後，媽媽此番就搬出了糯米來應戰。

記得小時候彰化冬夜的街頭，常有人挑擔賣著米糕糜，那甜甜的米糕糜飄散的桂圓香，我不愛吃，不過，每每聽到「燒ㄟ米糕糜」的叫賣聲，我的心頭也會跟著暖起來。如今寒流來襲，捧著媽媽煮的米糕糜，而且還是我喜歡的鹹口味，不僅讓我心頭發燒，連四肢都跟著熱呼呼。

而這種從心頭一直暖到手腳的真實滋味，連帶的也讓我在瞬間理解了媽媽為何會在今年「入境隨俗」的過起尾牙——從二〇〇八年跨到二〇〇九年，真的是一個不好過的年，媽媽準備三牲祭拜土地公，無非就是希望「歹年冬」快走，來年景氣轉好，大家過好年。「入境隨俗」在此就是一種生命的應變吧！而我手中這碗鹹米糕糜，每口吃來都飽含這種滋味，我想有了它，再冷的冬天都度得過。

母親的手路

煮好吃的鹹米糕糜

水煮過的雞肉（即把當過牲禮的雞肉拿來再利用）、糯米，以及適量的清水一起入鍋小火熬煮即可，還有不要忘了隨個人需求與喜好加入適當的藥材，如枸杞和蔘鬚等，既可增添風味又讓這碗鹹米糕糜更加滋補。當然沒有拜拜，卻想來一碗鹹米糕糜時，也可以生鮮的雞塊直接入鍋煮。最後，要煮出好吃的鹹米糕糜還有一個祕訣，那就是要用砂鍋，如此才能讓米糕糜的口味更加溫潤。

●糯米

●枸杞

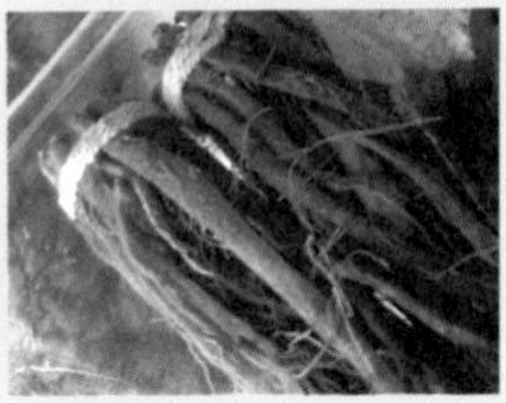
●蔘鬚

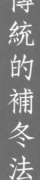

傳統的補冬法

「立冬補冬，補嘴空。」立冬，進入冬天的第一個節氣，南方田裡的農作物大致收成了，而勞動了一整年的身體，此時又逢天氣變化，不免有血虛氣弱之慮，要好好補身，才能保有一副強壯的體魄，迎接來年的農事挑戰。這個閩南地區的習俗，隨著移民的腳步，也流傳到台灣。而台灣南北氣候不同，稻作的發展隨之細緻化後，南北農事作息有別，配合一年農事落幕，漸有中南部的人將補冬延至冬至。日治末期，潘迺禎在〈士林歲時記〉一文中便言：「十月及冬至前後的食補稱為補冬。」（十月指立冬，立冬為國曆的十一月七或八日，農曆大約落在十月。）

補冬既為食補，那到底都吃些什麼？我家雖然長年以燉雞補冬，但依稀記得小時候在彰化時母親還會燉鴨，選用肌肉結實的老番鴨（即雄性番鴨），加入藥材燉之。而據母親少女時的記憶，彰化外婆也常用羊肉當補冬的食材。是的，雞、鴨、豬、羊等肉品以「四物」、「八珍」、「十全」等中藥材燉之，是日治時期以來台灣常見的補冬食品，麻油雞的煮法也很常見。在〈士林歲時記〉中還提到了「四神湯」、「八味茶」、「白菊花茶」等屬清補的補冬法。此外，一九四三年王瑞成的〈冷熱及食補〉寫到補冬時，特別寫了一種羊肉的煮法，即以黑胡麻油、生薑和酒煮之，這應可稱之為「麻油羊肉」吧！當時，作者提到它是想要強調補冬「是為了要增加對寒氣的抵抗力而攝取熱性補品」，因此「與其用高貴的漢藥不如增加食品的種類」，是的，除了「麻油羊肉」，燉米糕與油飯也都是那個時代常見的補冬食品。

與王瑞成同時代的池田敏雄在〈台灣吃的習俗資料——出於台北艋舺〉中也提到米糕，說是立冬時要吃的，「米糕的作法很簡單，在糯米中放入黑棗、桂圓肉、酒一起去蒸，蒸熟了就可以了。」末了，作者還特別強調再貧窮的人家也會做米糕來度節。

《本草綱目》載有：「糯米性溫，釀酒則熱，熬粥更甚。」《本草備要》也言：「糯米：甘溫，補脾肺虛寒，堅大便，縮小便，收自汗。」並進一步提到：「糯米釀酒則熱，熬餳尤甚，餳即飴糖。」原來，即使不放黑棗、桂圓和酒，單靠糖一味熬成米糕，或者熬成粥，熬成「米糕糜」，就可以成為熱補的「補品」。道光十六年的《彰化縣志》也有「糯稻可熬餳」的記載，顯然，長久以來，米糕或米糕糜就是台灣民間常見的「補品」，是一道無論貧富都吃得起的補冬聖品。

冬至還是要搓圓仔。

摸黑起床的小孩，小手搓出來的
一顆又一顆的圓仔，從沸水中浮了上來，
時間一分一秒過去了，黑夜還是漫長的，
又紅又白的圓仔上桌時，凌晨三點，
天光微白了嗎？一年中最漫長的黑夜終將過去，
日影最短的白天就要到來……

吃過湯圓又長一歲，雖帶著光陰無情的警惕，但我家冬至的圓仔（湯圓），摻揉著祖先的賜福與母親的用心，卻多了一種令人心安的滋味。

第一次在冬至煮了紅豆湯圓，但湯圓不是母親搓的，而是我從市場買來的。原本冬至的前一晚，我們家都會在母親帶頭下「搓圓仔」，但這回白天母親參加鄰里的旅遊團出遊去了，返家時間將會很晚，想說帶頭的人年紀大，不忍讓她太勞累，便決定今年不搓湯圓了。

湯圓不搓了，並不代表冬至就不吃湯圓了。出門前，母親一再叮嚀我一定要記得到市場買搓好的湯圓，如此才趕得及隔天冬至一大早「浮圓仔拜祖先」。是啊！冬至搓圓仔為的是祭祖與拜神明，再來才是吃一碗圓仔湯，感覺又老了一歲。

記得小時候吃冬至圓仔時，在世的祖母常說：「吃完圓仔就添一歲！」聽著聽著，我們這些小孩就會算著自己歲數，數著碗裡的圓仔。只是光陰荏苒，我們漸漸不再數碗裡湯圓的數目，也忘了吃完湯圓又長了一歲的事，祭拜祖先更只是母親堅持下年年進行的「例行公事」罷了。去年冬至，碰巧母親一大早就有事外出，我不得不替她擔起祭拜祖先的例行家務，誰知當我放上一碗碗母親雙手搓出的圓仔，拿起點燃的香那一刻，心中竟不由默請祖先來享用，是啊！請祖先享用有著一種生命延續的感恩又似在報平安。而經那麼一想，拜過祖先的冬至圓仔，吃起來竟有不一樣的滋味。

沒有搓圓仔的冬至前一晚，想起去年的事，不禁與遊罷歸來的母親聊了起來。冬至的祭拜一定要大清早嗎？母親潛藏的童年記憶被我掀起來了，她說，是啊！古早人還要「看時（辰）」，有時凌晨三點就要拜，以前，她們小孩就曾在半夜一點鐘被叫起來，幫忙搓圓仔，大人們更在廚房裡忙翻了，因為端上供桌的可不能只有湯圓，還要有豐盛的飯菜！

摸黑起床的小孩，小手搓出來的一顆又一顆的圓仔，從沸水中浮了上來，時間一分一秒過去了，黑夜還是漫長的，又金（紅）又銀（白）的圓仔上桌時，凌晨三點，天光微白了嗎？

一年中最漫長的黑夜終將過去，日影最短的白天就要到來，祈求神明時，是否感覺到自己與天地的運轉合而為一呢？而祭拜祖先時呢？遠古的祖先在時光隧道中似乎遙不可及，但阿公阿媽，還有四年多前往生的父親，他們的容顏卻歷歷在目。

穿梭跳躍在母親的童年記憶和自己的回憶之間，沒有搓圓仔的手一時興起便開始淘洗紅豆，然後慢火熬起紅豆湯。黎明來了，一顆顆市場裡買來的湯圓浮了上來，一碗碗上桌了，冬至的祭祖上場了，最後，神明以及祖父母、父親賜福過的湯圓加入紅豆湯裡，全家人手一碗，終於稍稍彌補了今年冬至沒有搓圓仔的失落。

今年冬至似乎和去年一樣，窗外的陽光依然讓人想穿短衫。吃過甜甜的紅豆湯圓，我好奇的翻起古籍，走進清代道光、咸豐年間《彰化縣志》和《噶瑪蘭廳志》的世界裡，陸續看到「前一夕，小兒將米丸塑為犬豕等物，謂之添歲」、「小兒女和紅麴諸色，作花、鳥、人物狀，以相誇耀」的情景。

米丸，糯米做的湯丸，就是湯圓啊！一百七十多年前，冬至前一夜小孩們淘氣地將米丸捏成各種色彩鮮豔的動物或人偶，不知不覺呼應起六十多年前母親兒時搓湯圓的小手，還有自己童年以來的記憶，在已逝父親的容顏裡，天地間的一個跨界啟動了，此時，只有小孩雀躍的心情，能夠讓人們將生命過渡間的忐忑不安轉化成一種新生的期待吧！

我想，明年無論如何都要搓圓仔，而且還要招來姪子與姪女，讓他們環繞著搓圓仔的母親，搓出一百多年前冬至的童稚色彩。嗯！果真如此，明年的冬至就好令人期待！

母親的手路

搓圓仔與浮圓仔

記得小時候，母親會將糯米拿去請人家用石磨磨成粉，再用石頭壓成圓仔粞（粞，台語發音che），即擠掉水分的糯米塊。這糯米塊仍屬粉狀，拿回家來，要取一小塊放入沸水中煮熟，當成黏著劑，揉進圓仔粞中，然後將整個圓仔粞揉成糯米團，再捏成小塊小塊搓出一顆顆的圓仔。不過，現在母親使出手勁揉糯米團的場面已成歷史，因為自從很難找到人壓圓仔粞後，每年冬至家裡要搓圓仔時，就只能改用市場裡買回的現成糯米團直接搓。

搓好的圓仔，必須等水滾了才能下鍋。而圓仔下鍋前要另備一鍋水煮糖水。當圓仔從熱水裡浮了上來，就代表熟了，可以撈起來了。圓仔一撈上來，放入糖水中，圓仔湯就大功告成。

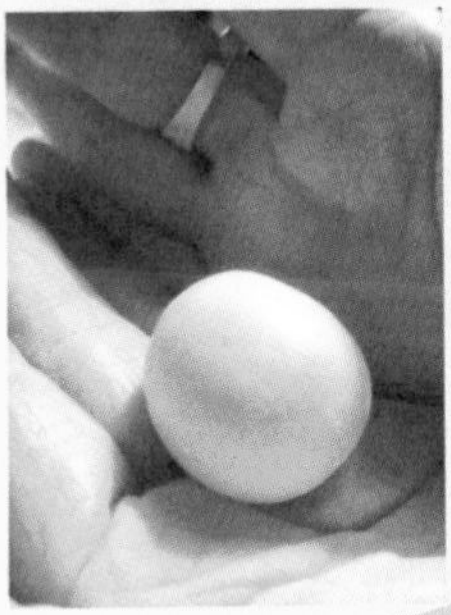

天上人間的團圓。

除夕夜來臨時，我總會想起兒時父親起火燃炭的情景，
那冒著金星的火鍋真的成了昔日的一頁記憶。
在記憶的火花中，
供桌上那隻父親與眾祖先享用過的雞，
被母親放入燉鍋的滾滾熱湯中，
與其他食材互相激盪，煨出一鍋濃得化不開的奶油白。

除夕的下午，在媽媽的帶領下一邊祭拜祖先，一邊燒熱一鍋水，切片的金華火腿連同泡過水的香菇與干貝紛紛丟下鍋，前一天事先燙過、處理過的豬肚，也在利剪之下一片一片滾入熱水中。

一柱香過去了，供桌上祖先享用過的那隻雞，也被放入這鍋滾滾的熱湯中，此時，距離年夜飯的時間，還有兩、三個鐘頭，足夠讓熱湯中的各種食材環繞著這隻祖先祝福過的雞，在微微的細火中互相激盪，緩緩煨出自己生命中的精華。而

這種種精華的總和，就是我家餐桌上年夜飯的中心。

這鍋精華提煉的「奶油白雞湯」坐鎮我家除夕夜的餐桌到底多少年了呢？記憶中，兒時除夕夜餐桌上的中心是一個冒著炭火的火鍋，環繞那飛揚的金星的是一道圓溝的熱湯，湯裡浮現的是各色的蔬菜與媽媽親手做的丸仔。不過，自從家中兄妹陸續北上念大學，父母也跟著搬遷到北部，那個燃炭的火鍋雖一起來到了新家，但終究還是失去了用武之地。

在緊密的公寓住宅中，除夕夜來臨時，父親找不到可以升火燒燃木炭的空曠地，餐桌上那個火鍋冒不出金星，不得不被收了起來，取而代之的是插電的火鍋，失去熊熊燃燒的炭火，鍋中的菜色在時間的流動中來來去去，到底換了多少種已不復記憶。直到這鍋色如奶油的雞湯火鍋上桌，記憶才又在我的腦海變得鮮明。

初嚐這味鮮明的雞湯，應該也是在舉家北上的頭幾年，那時家中的孩子不是在當兵就是仍在就學，父親因病提早從職場退了下來，家中經濟青黃不接，母親只好外出打工，進了以江浙菜聞名的「秀蘭小吃」。在那兒，她見識了所謂的「一品鍋」，全雞、蹄膀、火腿、魚肚、干貝、鮑魚等各種高級食材匯整成一鍋，不過這宛如中國最高官位的一鍋，在當時可不是普通人家吃得起的。偶爾趁過年過節，大手筆挑了些買得起的食材，母親也會煮個極簡版的「一品鍋」，讓孩子的舌頭興奮一下，而這就成了今日我家年夜飯上這鍋奶油白雞湯火鍋的源頭。

一九九〇年代末，因工作之需，我曾前往上海，回程的行囊，在市場挑了幾塊金華火腿放入，那沉甸甸的火腿塊提在手上，一種千里迢迢終於見識到的感覺，讓我對它從此難以放手，往後每逢過年前，我總會加入採買年貨的人群，到台北的南門市場挑上幾塊，年夜飯中心的那一道奶油白就這樣逐漸被描繪了出來。

四年多前，父親離開了人世，除夕夜來臨時，我總會想起兒時父親起火燃炭的情景，那冒著金星的火鍋真的成了昔日的一頁記憶。在記憶的火花中，供桌上那隻父親與眾祖先享用過的雞，被母親放進了一只燉鍋中。母親的廚房巧思，讓這鍋的奶油白更濃得化不開。

不知這鍋濃烈的雞湯火鍋可以坐鎮我家除夕夜的餐桌多久，也許在歲月的流轉裡，這一鍋的濃烈終會逐漸淡去，但至少我知道在目前滿桌的年夜菜中如少了它，年味將會不夠圓滿。

●金華火腿切成適當大小，連同香菇、干貝和豬肚加水先行煨煮一番，再放入煮過的雞隻，最後入大白菜熬煮，即成我家的「一品鍋」。

母親的手路

一品雞鍋的作法

以前我家除夕當作祭祖供品的那一隻雞，最後總以白斬雞的模樣被端上年夜飯的餐桌。不過，自從母親知道「一品鍋」的存在，它就變成以雞湯的方式上菜。

據母親所說，「秀蘭小吃」的「一品鍋」是一隻雞和一個豬蹄膀以生鮮的狀態隨著一塊金華火腿入砂鍋，然後用慢火煨煮，最後以大白菜作結。金華火腿可說是整鍋的靈魂。

我家的這一鍋，雖保留了金華火腿的靈魂角色，但因是做為牲禮的雞隻的再利用，所以無法取新鮮的雞隻入鍋，同時母親以豬肚取代豬蹄膀，豬肚必須事先以清水燙煮過，沒想到這樣一來反而有去油的效果，讓原本濃郁的「一品鍋」，吃來不那麼膩口。而干貝和香菇的加入則讓湯汁變得更鮮甜爽口。至於筍片、大白菜或最後隨意放入的綠色花椰菜，更讓這鍋看似又濃又白的「一品鍋」帶著一種淨爽的滋味。

豬肚雖燙煮過，但離軟爛好入口還有段距離，通常母親會先取一鍋清水，放入豬肚、金華火腿、干貝和香菇先行煨煮一番，然後再加入雞隻和筍片續煮，慢慢的雞肉也爛了以後，再加入大白菜熬煮。上桌後，可邊吃邊加入氽燙過的綠色花椰菜。

正統的「一品鍋」應來自於山東孔府，其作法手工繁複，以粉絲、白菜墩、白煮山藥墊鍋底，擺上白煮肘子、白煮雞、白煮鴨後，再放海參、魚肚、魷魚卷、玉蘭片、雞蛋荷包等，然後加入雞湯、紹興酒、精鹽，上籠用大火蒸兩小時左右始成，最後再配上水煮過的豆苗上桌。

雖然無法講求事先熬煮的雞湯以及層層複雜的作工，但母親以牲禮的雞隻和燙過的豬肚入鍋，神似山東孔府的一品鍋將肘子和雞等肉品先行白煮的手法。在此，家庭主婦的巧思不經意與遙遠的孔府大廚疊合了。

以前的圍爐

除夕，全家圍成一桌吃年夜飯，餐桌中央的下面擺著火爐或烘爐。火光熊熊，表示一家興旺，而爐畔環錢，象徵萬事如意；吃完年夜飯，那些錢成了過年錢，就是小孩最高興拿到的壓歲錢。這些日治時期文獻普遍記載的情景，對母親而言仍是活生生的童年經驗，但到了我這一代就真的只是一頁文獻而已。所幸在我的少女時代，除夕夜的餐桌上還有一個火鍋，一個要靠木炭加溫的火鍋，那些燃燒的木炭發出的火光，多少還能讓我感受到「圍爐」的氛圍！

記得那時每當除夕的祭祖完畢，廚房正忙得不可開交時，父親也會取來一只烘爐，拿到屋外的騎樓下，木炭一放入，報紙的火苗擦亮冬日即將暗去的天色，而扇子就在一旁搧啊搧的，寒風順勢一吹，煙霧散去，黝黑的木炭閃出了小小紅紅的火光，在那頃刻間全然暗去的除夕夜色裡，讓一旁我們這些孩子看得好興奮哇！

後來，搧扇子的工作有時也會交到大哥的手上，映著火光的童稚臉龐已然上了一層青春的色彩。年，一年一年的過去，回首那段青少年以前的歲月，原來，我也曾有一只除夕的烘爐，雖然沒有像母親兒時那樣將它擺在餐桌下，但我們曾靠著它，圍著它燒紅了木炭，讓年夜飯餐桌上的火鍋熱鬧滾滾。我的除夕烘爐不在餐桌下，它在我們年輕的心中。

●從中部搬到北部後，家裡這只過年圍爐專用的木炭銅鍋變得無用武之地，如今將它從儲藏櫃的深處再拿出來，數十年過去，銅鍋竟成了歲月的收藏品，讓人想起年少的青春歲月。而隨著歲月的流轉，年夜飯的菜色雖來來去去，但環繞著那一鍋奶油白的雞湯，雞捲、丸仔（炸丸仔）、烏魚子、白菜滷等總是如常出現。

一道難於名之的年菜。

十樣食材一字排開，薑片在油裡放光芒，洋蔥隨香入列，緊接紅蘿蔔、筍片、玉米筍也加入鍋中的翻躍大隊，而後就是傾盆高湯的歷練，等它們再次從沸騰的湯裡翻起，一旁事先燙過的眾食材便縱身而下……最後，全臣服於這鍋帶著淡淡的甜又透著微微的酸的羹湯中。

轉眼元宵節過了近一個星期，日子早從過年的喧囂中走出來，步上了生活的常軌，餐桌上的年味終於淡去，在那些散去的味道裡，有的雖仍可在日常的餐桌裡聞見，但有的卻得等到明年過年才能再見。這一道菜，我每年都苦於不知如何命名的菜，就是這樣一道一年僅在我家餐桌現身一次的菜。

除夕前一天，我總是會翻著廚房裡的食

材，數啊數的，希望湊足這道菜所需的十樣食材。鳥蛋、玉米筍是姪女的至愛，無論如何都不能少。海參和豬腳筋，雖然一年才現身一次，但只要媽媽在，它們一定不會被遺忘。蝦仁、花枝在過年的廚房裡也總是唾手可得，至於筍片、紅蘿蔔、洋蔥和荷蘭豆莢，這些又紅又綠的菜蔬，要在這個處於一年中最巔峰狀態的廚房裡取得，更是易如反掌。

除夕夜來了，祭過祖，年夜飯準備上桌前，十樣食材在熱力四射的廚房流理台上排開，薑片在油裡放光芒，洋蔥隨著香氣入列，緊接紅蘿蔔、筍片、玉米筍也加入鍋中的翻躍大隊，而後就是傾盆高湯的歷練，等它們再次從沸騰的湯裡翻起，那些事先燙熟、候在一旁的眾食材便跟著縱身而下，最後借助太白粉之力來個大融合，一些醋、少許的糖還有一點鹽都化於無形，那些又翻又滾的眾味也從此臣服於這一鍋鮮中帶著淡淡的甜又透著微微的酸的羹湯中。

上桌了，它是我家年夜飯中，最晚被端上桌的一道菜，在這桌以全雞火鍋做為中心的年夜飯餐桌上，它雖不是主角，但當它帶著繽紛的色彩、豐富的口感上桌時，就具備了存在的氣勢。過年前，我一度興起今年不要煮它的念頭，誰知姪女知道了，馬上反對。是啊！我忘了它幾乎是為了姪女而存在的一道菜！姪女今年夏天將滿十歲，而我到底從何時開始煮出這樣一道菜？比諸餐桌上其他我從小吃到大的年菜，它的資歷算淺，但我

竟無法給它一個確切的誕生年分。

為什麼是十種食材？依稀記得是一九八〇年代末，那時每逢年關將至，電視上的烹飪節目或報紙的美食欄都會端出一道道年菜，它們都有著吉祥討喜的名字。看著這些「新鮮」的「外省」菜餚，二十多歲初出社會的我很想改造自家餐桌上數十年不變的年味，一道「十香如意菜」成了我行動的起點。以黃豆芽領軍，集合其他九種素菜涼拌即成，而九種素菜除了豆乾，還有紅白蘿蔔、香菇、筍子、西芹、金針、酸菜等等，似乎可隨個人喜好加入。

我不知這道菜為何會雀屏中選，也許就是因它的食材選擇有極大的彈性。只是沒想到它的彈性大到最後完全「走樣」了——明明是涼拌菜卻被我煮成燙口的濃羹，這如此巨大的轉變到底在什麼時候發生，也許就是姪女開始坐上餐桌，懂得「年」的滋味的時候吧！

紅蘿蔔、玉米筍、蝦仁、鳥蛋、荷蘭豆莢、花枝，在酸甜味的包裹下，以繽紛的色彩討了姪女的歡心，至於黑黑的海參與濁濁的豬腳筋，對姪女來講，存不存在都無所謂。不過，姪女心中不起眼的海參和豬腳筋，在母親眼裡，卻是年夜飯餐桌上不可少的「年味」。為什

麼過年一定要吃海參和豬腳筋呢？雖然在母親的記憶裡，僅僅因為這兩樣食材在她兒時屬「奢侈品」，平日吃不起，只有過年時才能過過癮；不過，那天，從日治末期，松場敬也發表在《民俗台灣》的一篇文章，我得知海參與豬腳筋在母親這一輩或更上一代台灣人的餐桌上還有更深遠的意味。

在這篇懷念祖母的文章中，作者寫到祖母一生勤儉，獨力擔起全家的生計，平日三餐不離番薯，但每逢祖先忌日時，她一定會煮出一些常日不見的菜，其中就有豬腳筋和海參，作者將豬腳筋記為「根」，海參則為「森」，雖說是取其台語發音，但念來卻在對祖先的追憶中有著對未來子孫繁茂的寄託。是啊！我想起年夜飯前的祭祖，母親已先我煮了一道紅燒海參與豬腳筋放上供桌。

母親童年以來傳承的深奧年味，與姪女充滿童稚色彩的年味，因著一九八〇年代末那道「十香如意菜」的牽引，無意中被我熔於一爐，成了眼前這道菜。

不過雖說是「無意」，也可能是「有意」。一九八〇年代以前的台灣長期被鎖在一個封閉的狀態，也只有各式傳媒裡放送的「外省菜」，讓從小吃台灣餐桌的菜長大的我有一些新鮮的想像。但時序進入一九九〇年代後，歐美與日本的料理在島上捲起流行的浪潮，外省菜不再獨領風騷。「十香如意菜」的身世開始變得眾說紛紜，有人說它是眷村菜，湖南、湖北的人則都爭說它是他們的家鄉年菜。而台菜也抬頭了，我家餐桌上母親煮的菜有了它的地位。於是隨著姪女的出生，趕上這個眾家爭鳴、充滿個性的餐桌時代，曾肩負變化我家餐桌年味的「十香如意菜」，必然也會被我改造，改造得難以名之。

有一天，小孩會長大，而老人會離去，我不知自己會煮這道菜煮到何年，也不知這道菜可以維持這樣的面貌多久，但我知道只要我煮著這道年菜，一定會堅持數十。一、二、三、四、五、六、七、八、九、十，光陰雖難追，生命不可捉摸，但無論如何，我還是有「十全十美」的想望。

女兒的手路

燴什錦

這道菜選用的十種食材，有海參、豬腳筋、蝦仁、花枝、鳥蛋、筍片、紅蘿蔔、洋蔥、荷蘭豆莢、玉米筍。料理的過程，首重事先的準備。

市場買回來的海參、豬腳筋雖然都已事先發泡好，但還要以加了薑片、蔥和酒的沸水汆燙除腥；鳥蛋下鍋前，有時也會先油炸讓它變金黃色；蝦仁抽沙後，則抓點太白粉過熱水以保持它的鮮脆度；花枝切片刻紋，防煮時縮成一團；蔬菜類也大多切片過熱水汆燙備用（洋蔥可不用汆燙，而竹筍可使用新鮮真空包裝的熟綠竹筍）。

由於食材大多已熟，煮時可以快速完成，不過，仍要注意下鍋的順序，以免壞了食材應有的鮮度與口感。首先熱油鍋，薑片爆香，新鮮洋蔥下鍋炒，略軟即可下紅蘿蔔片、筍片續炒，後加入適量高湯（水煮雞、豬等牲禮的湯），滾後再下玉米筍、鳥蛋、海參、豬腳筋等，小滾片刻，以太白粉勾芡，並以糖、醋和醬油調味（三者可事先調成醬汁再一併倒入），最後再下花枝和蝦仁，上桌前放入已燙熟的荷蘭豆莢，即成一道澎湃的什錦羹。

多出來的「雞捲」。

遍尋雞捲的材料，
從豬絞肉、魚漿、鮮筍、胡蘿蔔、荸薺到青蔥，
還有包捲這些材料的豬網油，就是沒有用上半點雞肉。
吃它吃了數十年，
竟然沒有發現它是沒有「雞肉」的「雞捲」。
這到底是怎麼一回事？

小時候，吃辦桌時我最期待的一道菜就是「雞捲」。而那時彰化街頭的麵攤也大多有賣雞捲，無論是「黑肉麵」或「貓鼠麵」，常有人點碗麵之外再加點一小條滷過的雞捲，每次好不容易掙得機會，讓母親帶我們小孩出去吃麵，都好希望也可以來上一條雞捲，但在母親能省則省的盤算下，我們很少能如願。

也許是因為孩子如此殷殷期盼，母親就想盡辦法讓它上了我家年夜飯的餐桌，而所謂的「想辦法」就是追憶她兒時在鄉間所見辦桌師傅的手勢。後來，不知從什麼

時候開始，全家團聚的日子也可能看見它從那樣的手勢中浮現，最後甚至只要母親的興致來了，餐桌上就會有它的身影。

而打從認識它以來，我就跟著人家「雞（台語發音ke）捲」、「雞捲」的叫，也自然而然的識得「雞捲」兩個字指的就是它。前年興起，開始記錄我家餐桌的動態後，我仔細看著母親做雞捲，那「雞」字突然跳上我的眼前，是的，因為遍尋雞捲的材料，從豬絞肉、魚漿、鮮筍、胡蘿蔔、荸薺到青蔥，還有包捲這些材料的豬網油，就是沒有用上半點雞肉。吃它吃了數十年，竟然沒有發現它是沒有「雞肉」的「雞捲」。這到底是怎麼一回事？

母親所用的餡料雖精挑自市場，但追究「雞捲」的誕生卻可能源自廚房裡剩餘的食材，那些零頭的菜和肉看似派不上用場，但丟了又可惜，有人便將它們剁碎，然後取來也可能被棄置的豬網油將之捲起再油炸。餐桌就這樣「多」了一道菜，於是吃著吃著，人們便順口以「多」的台語發音ke喚它「ke捲」。

而豬網油，豬腹間的這層油膜，攤開猶如薄紗，裹住餡料入油鍋後，白色油脂凝織成的紗網在高溫中溶化了，與內餡混得難分難捨，竟讓那些不起眼的菜肉雜碎，吃來異常美味。

這種油脂催化的可口力量，在貧瘠年代澎湃著「豪華感」，只有昔日年節才登場的雞肉可堪比擬，因此「多（ke）捲」叫著叫著，其ke音與台語發音相似的「雞」不知不覺疊合了，「雞捲」兩字就順理成章的被寫了出來。

當然，此時，它也不再由剩菜剩肉的雜碎軍撐場面，各種新鮮的食材紛紛出籠。而可能由於內餡的改造，有些人覺得不需要靠豬網油來滋潤、豐富雞捲的內在，便揚棄了豬網油，改以豆皮之類的材料取代。

不過，在我們家總覺得沒了豬網油的雞捲就不叫「雞捲」。要做雞捲時，還是要找來豬網油。雖然我們家的豬網油大多是肉攤老闆免費奉送，但並不是每次老闆都有貨可送。原來，今天的豬網油雖不再是包裹雞捲美味的唯一選擇，但透過古早味「雞捲」的發揚，它已廣泛融入許多料理的精髓，而成為市場裡的搶手貨。每回年關將近時，母親就會吩咐肉攤的老闆幫她留意是否有豬網油。而也正因為搶手，有時雖不是過年的日子，遇上豬肉攤老闆手上正好有貨，興致一來的母親也會抓住這難得的機會，讓雞捲出現在我家的餐桌。

盛宴裡的雞捲，經過這一轉折，在我家的餐桌上似乎越來越日常化。只是再怎麼的日常，過年一到，明明知道面對滿桌的年菜，幾乎少有人會去動它、吃它，百忙之中，母親還是會捲起袖子來做它，彷彿少了它，我們就過不了年。看似多出來卻又少不了，雞捲在我家餐桌的出現就是這般神奇，就像最早從廚房裡的剩菜中誕生的那一捲多出來的「雞捲」，我想這神奇的變化，都該歸功於一個叫「母親」的人吧！

母親的手路

捲出美味的雞捲

在我家，沒有豬網油就沒有雞捲。攤開來像一張網紗的豬網油就是俗稱的「網西」（網紗的台語發音）。網西一經油炸會出油，為了避免雞捲吃起來過油，餡料的選擇就要以平衡為考量。豬絞肉、魚漿等肉類雖仍是主角，但竹筍、胡蘿蔔、洋蔥、荸薺和青蔥等青蔬扮演的角色也很重要，它們的量甚至要多過肉類，而青蔬中荸薺的使用更是關鍵。荸薺台語俗稱「馬薯」，它有一種質樸的鮮甜，還具有清火的功效，最能平衡過火的油脂。其他材料的選擇可依季節與個人喜好而定，竹筍有鮮脆感，胡蘿蔔與洋蔥可增加甜味。

在餡料的處理上，豬絞肉可先加些許水，以順時鐘的方向攪拌增加其彈性，後加蔥花及少許醬油或鹽巴調味。最後再拌入魚漿，魚漿雖可增加風味與彈性，但不宜過多，否則會讓雞捲的口感變硬，如在吃魚丸。

菜蔬方面，竹筍、胡蘿蔔、洋蔥可切細絲或切末（竹筍如是生鮮者要先煮熟），荸薺則用菜刀拍碎，如此才能讓它的組織在細緻化之餘還能保留特有的清爽口感。

最後，肉類和菜蔬混合拌勻後可加入一、二顆的蛋，以及少許的麵粉，用它們來調整餡料的稠度，以便炸出來的雞捲既軟柔又不失扎實的口感。

由於網西張開的大小不一，要邊捲邊裁。餡料放中央往前捲時，別忘了把兩邊的網西折進來包住。捲好後，記得裹上一層薄薄的太白粉，炸出來的雞捲才會有酥脆的表皮。

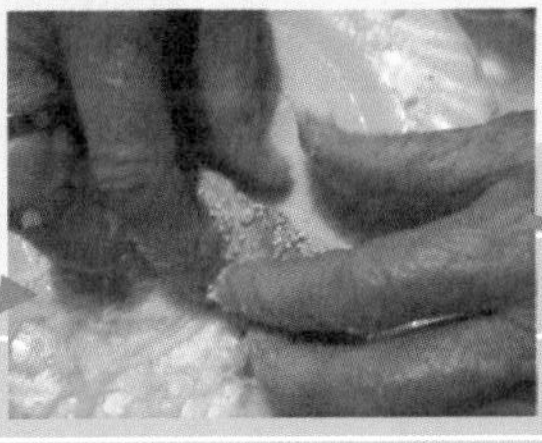

PART 3 時代的氣味

煎餃，煎啊煎，卻飄來兒時鄰居山東人家蒸籠裡的包子氣。

餛飩湯、獅子頭還有牛肉麵，湯汁裡總浮著母親在江浙餐館打工的身影。

莎莎醬在舌間沉澱著墨西哥電影《巧克力情人》裡既魔幻又遙遠的想像。

一碗飄著日本偶像劇浪漫風的咖哩飯，

竟意外摻和著古早味的台式咖哩氣息……

數著這一道道菜，二十世紀七〇、八〇、九〇年代過去了，

封閉的戒嚴時代已是過眼雲煙，全球化時代席捲。

我家的餐桌，一張平凡的島嶼餐桌，不知不覺也記下這些時代的氣味。

來一盤雪花鍋貼。

平底鍋一放，火一點，陣勢一擺，
我小心翼翼的將餃子依序放上了熱鍋，
倒進一碗麵粉水，噗哧一聲，點點水花在餃子間此起彼落，
我緊張的蓋上鍋蓋，豎起耳朵聆聽鍋中的聲音變化，
噗噗吼聲變成微哧哧的尖聲……
香酥誘人的金黃鍋貼上桌了！

從年前以來，蔬菜生產過剩，價格直落，一顆四、五斤的大高麗菜只剩二十幾塊錢。每次遇到這種狀況，媽媽就會說：「我們來包水餃吧！」包完水餃、下完水餃，末了，我就會想來一盤金黃香酥的鍋貼。

小時候仍住彰化時，在以閩南人居多的左鄰右舍裡，有一戶山東人家，那是個封閉的時代，小孩也許不懂得

這一家的爸爸是一九四九年後才從大陸來台，但對他們的吃食卻滿懷好奇，特別是他們家那個經常蒸氣裊裊的廚房常帶給我無限的遐想，白霧裡總見包子饅頭滿蒸籠，還有那晶瑩油亮的水餃就大盤大盤的現身在餐桌上。這一切看在我童稚的眼裡，內心好生羨慕，因為對我們這種傳統閩南家庭的小孩來說，那些雪白軟綿的包子和饅頭是三餐以外，偶爾才嚐得到的點心。而水餃雖說在想望了一段歲月後也出現在我家，但那可是一件不得了的事，總要等個放假日，母親心血來潮，像是要犒賞小孩般，才會招來全家動手包水餃，讓我們吃到渴望已久的餃子。

也許是經濟的考量，那時母親準備的餡料總是以高麗菜為主角拌入些許絞肉，年少的我心裡還曾嘀咕肉太少了。後來，肉的比例雖提高了，但仍沒有超過高麗菜的分量，沒想到這種包含大量切得十分粗厚的高麗菜的水餃，今日吃來卻口感十足，淡淡肉香中迸著高麗菜的清甜，讓人一個接一個的吃不停。就這樣，高麗菜在我家一直與水餃連結在一起，最後還與鍋貼結了不解之緣。

而說到鍋貼，不得不追溯到高中的家政課，我不知當時的家政老師為何要教我們做鍋貼，只知後來鍋貼成了我高中時代的一個重要記憶。惦記著這個記憶，我總想有朝一日要重現課堂所學。上了大學，家搬到了台北，廚房裡竟然出現了平底鍋，機會終於來了，高麗菜盛出，全家出動包水餃了。

平底鍋一放，火一點，陣勢一擺，我小心翼翼的將包好的餃子依序放上了熱鍋，倒進一碗水，噗哧一聲，點點水花在水餃間此起彼落，記憶浮現，我緊張的蓋上鍋蓋，忐忑不安的在一旁豎起耳朵聆聽鍋中的聲音變化，噗噗吼聲變成微哧哧的尖聲，要大功告成了？果然一掀蓋，水分收乾，餃子熟了，底部一翻，赤赤一片，哇，在不見「八方雲集」或「四海遊龍」等鍋貼專賣店的八〇年代

●阿嬤做的高麗菜肉餡，孫子的手包出來的餃子雖歪七扭八，但最後不管煮成水餃或煎成鍋貼，吃在嘴裡都美味無比。

初，看到這樣一盤閃亮的金黃鍋貼真是太興奮了；這可是我在那戶北方人家的鄰居家中也不曾見識過的。當然這不是一次掀鍋就順利完成的鍋貼，而是吞下無數次懊惱滋味才煎出來的。

如今十多年過去，隨著日本美食節目在台灣的盛行，我家鍋貼也晉級到「雪花鍋貼」。原來日本人將那一碗清水，換成麵粉或太白粉調成的水，結果煎出了底部呈雪花紋路、口感更加酥脆的餃子；我心生嚮往，便身體力行，練就自家的雪花鍋貼。

而餃子在中國的歷史，應該有上千年吧！從做為北方人的主食到成為南方人的點心，它不再安分於只是「水餃」的樣子，除了變身為「蒸餃」，也爭取以「煎餃」，也就是「鍋貼」的面貌出現。日本江戶時代，即明末清初時，德川幕府的德川光國便經由一位來自中國浙江的儒者朱舜水的介紹，嚐過中國的餃子。不過那時餃子在日本並不普遍，一直到二次大戰後，從滿洲歸來的日本人將當地吃的餃子帶回，餃子才以「煎餃」的模樣流行於日本。

從小時候對隔壁山東人家麵食的想望，我家的餐桌開始出現水餃，到在日本美食節目的傳播下，我的舌尖開始非跳躍在鍋貼的酥脆中不可，餃子早已走過一趟又一趟漫長的旅程。

●我家吃鍋貼時，一定有水餃。切記務必先吃水餃再吃鍋貼，口味由淡而重，味蕾緩緩綻開，二者的美味才出得來，這是高中家政老師的教導，我一直謹記在心。

不過，不管餃子的旅行多麼的遙遠，多麼的曲折，如果沒有最初母親調製的那鍋以高麗菜為主角的餡料，沒有高中時那一堂意外的鍋貼課程，沒有一次又一次台灣高麗菜的盛產，我可能端不出手上這盤香酥誘人的雪花鍋貼。

女兒的手路

煎出酥脆鍋貼的祕訣

要煎出酥脆的鍋貼，調製麵粉水時加入太白粉是一個關鍵，因為太白粉會增加脆度，以我家的經驗，兩者的比例以各半最佳。

鍋中倒入適量的油，鍋熱後放入包好的餃子，再倒進麵粉水，水量最好蓋過餃子三分之二的高度，然後蓋上鍋蓋，剛開始火可以稍大，等水快收乾時要轉小火。最後掀鍋蓋待水分完全蒸發，底部呈焦黃，即可翻面起鍋。

無論水餃或鍋貼，我家習慣以高麗菜搭配豬肉做為主要的餡料，絞肉要加進切細擠乾水分的高麗菜之前，最好先稍微「打水」（參見P.181）攪拌增加它的黏彈性，以免水餃煮出來後餡料的口感過於鬆散。

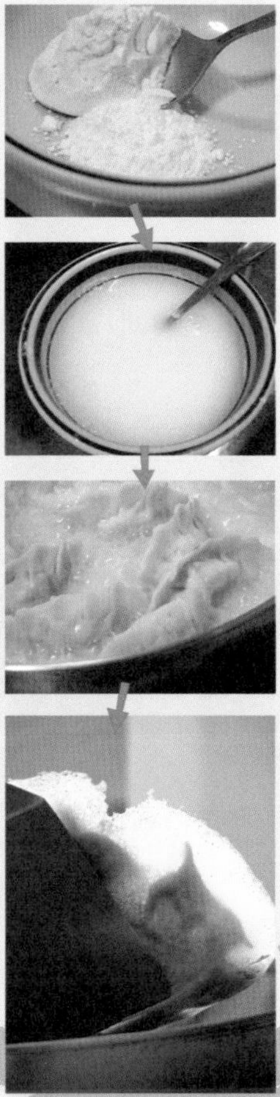

沒有修飾的獅子頭。

這道菜最叫我著迷的是那湯汁，
絞肉和白菜，在鹽、醬油和蔥的簡單調味中，
靠著不同的手勁與火力
將它們的精華深蘊於清澈的金黃湯汁中。
我喜歡將它泡著飯吃，
享受這種沒有過多修飾的滋味。

獅子頭，這道傳說起源於揚州，而後流行於江南一帶的菜餚，在許多一九四九年後從大陸來台的人們心中，是一道充滿回憶的食物。不過，在我的成長歲月裡，或許曾從那些人寫成的文字認識了它，但對獅子頭的味道卻始終陌生，一直到上了大學，八〇年代中，母親到以江浙菜聞名的「秀蘭小吃」工作，才將這道菜帶上我家這張道地閩南人的餐桌。

「秀蘭小吃」所在的永康街，做為今日台北赫赫有名的「美食重鎮」，日治時期是總督府的官舍區。

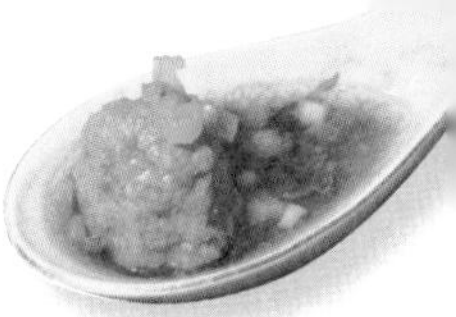
台式小肉丸，另類的獅子頭。

四九年以後，隨著國民黨撤退來台，一度還成了當時政府高級文官的宿舍，外省移民駐足，家鄉味不知不覺飄了出來。一九七九年，中美斷交，許多移民再度飄洋過海前往新大陸。永康街再次換血，滋味來來去去，總有些舊味留了下來。

跨進八〇年代，以賣帶著外省味小吃起家的「秀蘭小吃」，在一群兒女大多已移居海外、閒暇時共聚打牌的老上海人的饞嘴起鬨中，賣起了高檔的江淮味。而那時，政治受挫的台灣從經濟起飛找到了出口，「台灣錢淹腳目」的時代即將來臨，膏腴肥濃的江淮菜，正投時代所好，也迎合了出身自江浙一帶當權者的脾胃。一時之間，政治權貴、影視名人皆川流於「秀蘭小吃」，但誰知這些名流追逐的江浙味，卻出自幾個道地台灣女人的手。

「秀蘭小吃」創店時的主廚是我的阿姨，七〇年代末，因為上海籍姨丈經營的公司瀕臨破產，阿姨只好外出幫傭，善於廚藝的阿姨幫著藥廠老闆一家人煮飯，周旋在一群有錢的上海老鄉之間，終於促成了「秀蘭小吃」的開張。而八〇年代初，我家從彰化遷來北部，家中經濟曾因故陷入某種危機，迫使母親也走進「秀蘭小吃」的廚房，在那，母親掌著砂鍋，一度負責出的菜，就是江淮名菜獅子頭。

如今一、二十年過去，獅子頭，這道我記憶中的權貴菜已變成一道隨處可見的平常菜，不僅在一般大眾口味的自助餐店可以吃到，普通人家的餐桌也不乏它們的蹤影。作法更是五花八門，有的在絞肉中加入荸薺、豆腐、洋蔥等，變化它的口感與味道，調味方面更是蔥、

薑、蒜等齊來。不過，母親的手路總是那麼的單純。

大約一斤肥瘦適中的豬腿絞肉，分次加入適量的水，以同一方向慢慢的攪拌，讓水分滲入絞肉中，柔化絞肉，激發絞肉無限的黏彈力道，再拌入一顆蛋，以及一些蔥花和少許鹽巴後，捏打成適當大小的肉丸，將之放入油中炸成金黃色，再置入醬油和水調成的湯汁中煮透。

臨上桌前，另起一鍋，燜炒大白菜，之後準備一只砂鍋，鋪上炒過的白菜，再放入先前煮過的獅子頭及湯汁，小火煨個二、三十分鐘。最後，白菜與獅子頭交融，炸過的獅子頭吸足了大白菜的清甜，除去了油膩，吃在嘴裡，透著淡淡焦香的表皮彈出豬肉柔軟多汁的鮮味，在油脂中熟爛的大白菜則別有一種溫潤的風味。不過，這道菜最叫我著迷的是那湯汁，絞肉和白菜，在鹽、醬油和蔥的簡單調味中，靠著不同的手勁與火力將它們的精華深蘊於清澈的金黃湯汁中。我喜歡將它泡著飯吃，享受這種沒有過多修飾的滋味。

我沒有吃過「秀蘭小吃」的獅子頭，也不知道當時那些赫赫名流追逐的獅子頭有著什麼樣的滋味。記得從前母親邊做獅子頭，還會邊聊起在「秀蘭小吃」的往事，細數著誰來吃過——蔣緯國、蔣經國的兒子，當時當台北縣長的林豐正，甚至影星林青霞等等；在那一長串的名字裡，我們總是越聽越吃越有味。只是，不知從什麼時候開始，那些名字被遺忘了，但母親做的獅子頭依舊好吃，嗯，我就是喜歡這種沒有經過修飾的獅子頭！

母親的手路

怎樣做出鬆軟的獅子頭

獅子頭，說穿了就是大的肉丸子。好多地方都有肉丸這道菜。平常，母親隨手取來絞肉拌入蔥、醬油，捏成一個個小肉丸，再放入醬油和水調成的湯汁中煮，這種台式小肉丸很下飯，是肉豉仔的一種變化，不過吃來較有咬勁，不似獅子頭的鬆軟。

令許多人魂牽夢繫的獅子頭，吃起來就是又軟又鬆。而且鬆還不能散，不散之外又得入口即化、軟嫩如豆腐。要到達如此的境界，訣竅就是肉要經過「打水」的處理——適量的水以同一方向打入絞肉之中，讓肉變得柔軟又有彈性。

而油炸過的獅子頭要紅燒或清蒸就悉聽尊便。「食堂裡有一次做獅子頭，一大鍋油，獅子頭像炸麻團似的在油裡翻滾，撈出，放在碗裡上籠蒸，下襯白菜，一般獅子頭多是紅燒，食堂所做的卻是白湯，我覺得最能存其本味。」大陸作家汪曾祺在〈獅子頭〉一文，如此回憶中學時代吃過的清蒸獅子頭。

至於隨著獅子頭入鍋的青蔬，也不一定非大白菜不可，作家梁實秋雅舍中的獅子頭就是「碗裡先放一層轉刀塊冬筍墊底，再不然就橫切黃芽白作墩形數個也好。」與「秀蘭小吃」的獅子頭搭檔的，則是上海人最愛的青江菜。據說那青江菜一定要煮得黃黃的，母親說，剛開始她以台灣人的觀點，趁菜色猶綠趕緊將它端上桌，誰知立即被老闆娘喚回再煮呢。

第一碗牛肉麵。

我莫名的懷念起家中的「第一碗」牛肉麵，
那是一個不敢吃牛肉的母親，特別為孩子而煮的美味：
牛肉在爆香過的薑片和甜麵醬中拌炒後，
加入紅、白蘿蔔、清水及少許番茄醬，
繼續熬煮成一鍋「紅燒牛肉」，
然後那第一碗牛肉麵就誕生了。

原本只是想重現從母親手中學得的第一碗牛肉麵的味道，不過，最終我還是沒有做到。

母親出身農家，從小就不吃牛肉，於是在我的成長過程中，家中的餐桌從來沒有出現過牛肉，一直到八〇年代，母親在阿姨的介紹下，前往台北永康街的「秀蘭小吃」打工，從此，我家的餐桌開始出現「牛肉」，牛肉在爆香過的薑片和甜麵醬中拌炒後，加入紅、白蘿蔔、清水以及少許的番茄醬，繼續熬煮成一鍋「紅燒牛肉」，我家的第一碗牛肉麵就這樣跟著上桌了。

不過，這為孩子而煮的美味，堅信農家信仰的母親始終難以入口，慢慢的，煮牛肉的工作便由我接手。而多少年過去了，這道學自母親手中的牛肉料理，在我的手中一直面臨被改造的命運。洋蔥出現了，蘿蔔被捨棄了，新鮮的番茄代替了番茄醬，漸漸的紅酒加入了，甜麵醬終於消失了。一道中式的牛肉料理一度被我煮成西式的「紅酒番茄牛肉」，而搭配著它的也不再只限於米飯或麵條，有陣子Flavor Field的玄米天然酵母吐司竟成了它的最佳良伴。Flavor Field，來自日本，賣的卻是法國風味的麵包，用這種混血吐司沾著那充滿異國綺思的牛肉湯吃，我竟莫名的懷念起家中的「第一碗」牛肉麵。

終於蘿蔔再度上場了。燒熱一鍋水，加入薑片與蔥段，牛腩汆入其中，撈出備用。另熱一鍋，爆香蔥薑與適量的甜麵醬後，汆過的牛腩入列，再召來新鮮的紅、白蘿蔔翻炒，最後以米酒和水的揮灑暫告一個段落；接下來再開大火，滾後，撈去浮渣，轉小火，從此展開煨煮的新旅程。

在一個多小時的煨煮中，我心血來潮將買牛腩時附贈的滷包，丟到湯裡，這是我過去從沒有過的舉動，因不知會帶來何種變化，只滾了十來分鐘，我即將它撈起，沒想到最後上桌的牛肉麵因此多了一種淡淡的清香。

整個烹煮的過程，我雖盡量按記憶重現，不過，在某些時刻，我就是會不知不覺演出如此這般的「心血來潮」，像汆牛肉去血水時放入的薑與蔥段、加水煮湯時添加的酒等。這些有助於「去腥羶保鮮」的動作，是我不經意從電視上或書中學來的吧！隨著時間流逝，它們竟成了我做菜時的一種姿勢。

也許是牛腩與紅、白蘿蔔的比例，我沒有抓好，已經煮到入味的紅、白蘿蔔在湯中顯得少的可憐。於是我再次「心血來潮」將牛肉與紅、白蘿蔔取出，用留下的湯汁再燉一小鍋新鮮的紅、白蘿蔔。為了讓湯的味道更鮮甜，此番，我還加了洋蔥。等牛肉湯中的蔬菜軟了，再將原先的牛腩以及紅、白蘿蔔放回。如此一來，牛肉保有原先濃郁的鮮香，而蔬菜吸飽牛肉的脂湯變得更鮮甜、湯汁則因注入更多蔬菜的清甜變得更清爽，配上彈Q的烏龍麵條，撒上青翠的蔥花，在滷包提味的淡淡清香中，一碗順口的牛肉麵便誕生了。

原本是想重現母親教我的第一碗牛肉麵，但細嚼著這一碗牛肉麵的味道，它應該又是我的另一個「第一碗」。我不曾嘗過「秀蘭小吃」的牛肉麵，也不知道家中淵源自這家江浙館子的第一碗牛肉麵是否也摻雜了母親的心血來潮。不過台灣的第一碗牛肉麵，原本就是一九四九年來台的大陸移民在異地心血來潮的獨創。我想，從母親教我煮的第一碗到現在，我應該煮過很多「第一碗」的牛肉麵，而人生的美味，不就是由許多「心血來潮」的「第一碗」接力完成的！

當然也不能忘了「心血來潮」背後的初衷，像支撐台灣第一碗牛肉麵的美味，定有移民來到異地後，從對家鄉的某種思念而延伸出來的新生期待；而我家的「第一碗」牛肉麵則是一個不敢吃牛肉的母親，出於對孩子的愛所做的努力。

女兒的手路

牛肉湯的作法

我家的牛肉湯大多是以牛腱或牛腩煮成，不管用的是那個部位的牛肉，煮之前，一定會用清水漂洗，直到不見血水，然後以熱水汆燙，熱水中可加幾片薑與少許的酒；經過這兩道手續，煮出來的牛肉湯可去腥羶而保清鮮。記憶中，這是我從石光華所寫的《我的川菜生活》中學來的。該書提供了我許多煮牛肉的靈感。

牛肉汆燙好了，鍋中油熱後，加入適量甜麵醬，熱油催化醬香後（注意火候，不要讓甜麵醬焦掉），下薑片炒出氣味，切塊的牛肉，紅、白蘿蔔便可陸續下鍋，全部炒透後，加入清水與適量米酒，再撒下大把的青蔥，待滾後，便轉小火蓋鍋煨煮。如果希望口味重點，下甜麵醬時也可順便來點辣味豆瓣醬。

外頭賣牛肉麵的店家常會分兩鍋煮牛肉與湯，不過家裡通常一鍋就解決了，為了避免同鍋煮而導致湯夠味，肉卻過老而無味的情形，時間要控制得當，一般的瓦斯爐大約以小火煨煮一個小時左右即可。此外，為了讓湯的味道更足，我常輔以一、二瓶番茄汁調味。

媽媽吃牛肉了

餐桌筆記

「牛每天都辛苦的為我們耕田，因此農夫們認為殺牛是一件很不人道的事。當牛要被牽往屠宰場的途中，我們都可以看到牛快要掉淚的悲傷眼神。」日治末期，國分直一在中壢湖口一帶農村採得的這段弒牛禁忌，小時候，我也聽祖母談起過，對牛隻臨死前的悲傷眼神，祖母講述得最傳神，而出身於農村的母親不吃牛肉，也許就是拜這個禁忌所賜。

不是不敢吃，是怕它的騷味。為了孩子，煮著從江浙館子裡學來的牛肉麵的母親常如此說。隨著耕牛逐漸淡出日常生活，甚至從台灣的土地消失，禁忌也一天一天的鬆綁，不過，從小沒有吃慣的味道，對母親來講始終是一種讓人打退堂鼓的「騷味」，加上「牛肉」之於我家的餐桌還是一種昂貴的食物，那就更令人難於舉箸了。

誰知近年來，各式進口牛肉大舉出現在各種量販店，到處都有試吃，特別是在Costco這家來自美國的大賣場裡，販售人員總是豪邁的以平底鍋現煎著大塊大塊的牛排饗客，結果，不小心嚐到的母親，竟說這沒有騷味，續而將之吃下肚。

過去我家吃的牛肉通常不是牛腱就是牛腩，煮法不脫紅燒，其中加了薑、甜麵醬（有時也會加豆瓣醬）等重口味的調味料，不外想去騷而保留牛肉的鮮味。而賣場裡這種原汁原味無半點調味的牛排，卻沒有讓母親退避三舍的「騷味」，應是肉的品質不同吧，這背後可能是牛的飼養方式或者運送保存方法（如冷凍或冷藏）不同所致。耕牛的時代真的隱退到母親的記憶最深處，而也因為價格不再高高在上，昔日買不下手的牛小排終於出現在我家餐桌上。

看來，Costco這種採倉儲批發的經營方法而訴求平價的量販店，跨國操縱家庭餐桌的力量還真大！

●近年來，跨國大型量販店的出現，不但讓煎牛小排上了我家中秋節的餐桌，還是推動我家牛肉麵日常化的幕後功臣。

請客人吃餛飩湯。

有一次，幾個朋友來家裡，
我一時興起，找來雞骨架，伴以洋蔥、薑片和青蔥，
靠著米酒的激盪，慢慢的一鍋清水成了一鍋高湯，
沒想到將那水餃似的「餛飩」下到這高湯裡，
再隨意放點青菜，
我請客菜單裡的那一碗「餛飩湯」便大功告成。

餛飩湯，街頭麵攤不時可見的一碗湯，也常出現在我家請客的菜單上。這請客雖說只是幾個交情十年以上的朋友來家裡吃飯聊天，但每回我都慎重其事的想端出一些不一樣的菜色待客，誰知不管如何的絞盡腦汁，最後餛飩還是會從我的心中浮上來，而老友們也總是很捧場的將它撈個精光，直到碗底朝天。

到底街頭的那碗餛飩湯如何成為我家餐

桌上這碗令人百吃不厭的餛飩湯？記得小時候餛飩湯裡的餛飩都長得小巧可愛，而且大多叫扁食湯。那時，彰化街頭切仔麵攤上賣的就是「扁食湯」，只有掛著陽春麵招牌的小攤，才較有可能端出「餛飩湯」。誰知遷居北部以後，扁食湯好像逐漸從街頭的麵攤淡出，有時連賣著切仔麵的攤子端出來的明明是小巧模樣的扁食，也叫餛飩湯。餛飩湯不但霸占街頭的麵攤，還以「溫州大餛飩」之名，自立店號。

然而不管叫「餛飩」還是「扁食」，它們都不是我家餐桌上吃得到的食物，直到媽媽去了永康街的「秀蘭小吃」打工。「秀蘭小吃」雖以江浙菜聞名，但草創時期一如它的店名，賣的是牛肉麵、擔擔麵、陽春麵、餛飩湯等濃濃外省味的小吃。一九八〇年代，因為家中經濟因素，媽媽，一個大半輩子站在閩南廚房作菜的女人，被迫走進了「秀蘭小吃」的廚房，剎時見識了不同族群的菜色，耳濡目染，家裡的那張閩南餐桌不知不覺中也有了變化。多年以後，我就在我家的餐桌上吃到了「餛飩」。

那餛飩，大大的一顆好似外頭吃過的溫州大餛飩，起初，我們常將它當水餃吃（多年後我發現四川的「抄手」就是這樣吃，只差它淋了辣

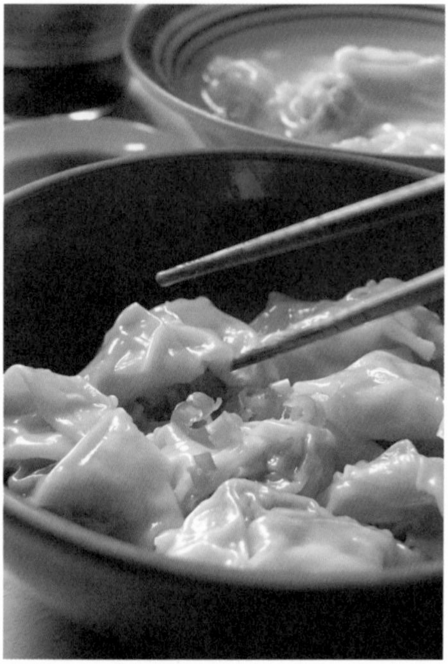

油），朋友來了，也跟著我們一起吃，就這樣越吃越順口。有一次，幾個朋友來家裡，我一時興起，找來剁下雞胸肉的雞骨架，伴以洋蔥、薑片和青蔥，靠著米酒的激盪，慢慢的一鍋清水成了一鍋高湯，沒想到將那水餃似的「餛飩」下到這高湯裡，再隨意放點青菜，我請客菜單裡的那一碗「餛飩湯」便大功告成。

如今，每回朋友們要來的那一天，一大早，我在家裡熬湯，媽媽則上市場去採買餛飩皮和餡料，除了豬肉是必備的，筍子也少不了，在找不到筍子的日子，她會把目光轉移到荸薺的身上，或者哪一天興致來了，她會將荸薺與筍子齊拌入豬肉餡中。我想媽媽的這一手，就是這一碗餛飩湯讓人百吃不厭的力量所在吧！我沒有吃過「秀蘭小吃」的餛飩，也沒有問過媽媽「秀蘭小吃」的餛飩是否也會放入這二味，我只知媽媽親手做、我從小吃到大的雞捲或炸丸仔裡，總交替散發著它們的宜人氣息。

數一數老友來家裡吃餛飩湯的日子，從年輕到如今的中年，多少碗的餛飩湯下肚，就有多少宜人氣息享受過，媽媽露的這一手還真經得起時間的考驗呢。

●我家餛飩好吃的祕訣在於內餡除了豬肉，還有筍子或荸薺等爽脆的青蔬。因口感十足，我們常拿它們當水餃吃，不過餛飩皮比水餃皮薄，包餡料時要適量且均勻，以免下鍋水煮後皮爛了，餡卻尚未熟透。

餐桌筆記

扁食與餛飩難分

據說四川人因為它狀似人兩手交疊在胸前而稱之為「抄手」，而廣東人則取其音似而喚它為「雲吞」，那餛飩到了台灣為何叫「扁食」？也許與福州的「扁肉燕」有關吧！

福州人取豬腿的瘦肉打成肉漿，加入地瓜粉擀成一張薄薄的皮，再包進肉餡，由於捏成的形狀似扁扁的燕尾，便有扁肉燕之稱，久了也有人稱之為肉燕或扁食，而那張豬肉製成的外皮便被人叫做燕肉皮。台灣有些掛著扁食招牌賣著「餛飩」的店，常標榜其手藝學自福州師父，也許是因燕肉皮製作不易，他們以麵皮取代之，結果煮成了名叫「扁食」的「餛飩」。

事實上，扁食在中國古代的文獻裡指的是角子（即餃子）。而唐宋以前的餃子又與餛飩混在一起，分也分不清。二〇〇五年出版的《考吃》，作者朱偉據宋代的《事物紀原》考，「餅始於七國時代，餛飩是餅的一種」，並說早時的餛飩就是「餅中夾餡，入湯煮之」的「煮餅」或「湯餅」，而南北朝的北齊顏之推說餛飩「形如偃月」，就像今日餃子的模樣。

唐朝以後，餛飩的吃法講究起來了，得餡細湯清，湯甚至要清到可瀹茗（泡茶）、可注硯（研墨）。到了宋代，代表餃子的「角子」名稱出現，餛飩與餃子開始分家了。儘管各地的名字仍有差異，也有人仍稱餃子為餛飩，但「餛飩」確實站穩了它的地位。

「細切肉臊子，入筍米或茭白、韭菜、藤花皆可。以川椒、杏仁醬少許和勻，裹之。皮子略厚、小、切方，再以真粉末擀薄用。下湯煮時，用極沸湯打轉下之，不要蓋，待浮便起，不可再攬。」倪瓚的《雲林堂飲食制度集》載有餛飩的詳細煮法，此書寫於元代，而完成於同個朝代的《飲膳正要》也出現了「扁食」的記載。

明代的《金瓶梅》不遑多讓的飲食場面，餛飩自成一格的以「餛飩雞」的面貌出現，而餃子則還浮沉在「蒸角兒」、「水角兒」與「匾食」的名稱之間。民國出版的《清稗類鈔》有云：「北方俗語，凡餌之屬，水餃、鍋貼之屬，統稱為扁食，蓋始於明時也。」扁食在明清的文獻裡普遍指向餃子，誰知明嘉靖年間福州的扁肉燕出現了，「扁食」便被閩南地區的人借用了，而後輾轉來到台灣還成了餛飩湯的化身。

●四川人將餛飩淋紅色辣油吃就是「抄手」，而我家則將餛飩當水餃沾黑醋吃，在此，抄手、餛飩和水餃還真的有點分不清。

一道清新的暖流。

母親將薄薄的腐皮剪成適當大小，放上餡料，小心翼翼的捲成一捲一捲。這看似簡單的動作，在母親的手中做來，卻有著一種歲月的力道，如輕又重，似急猶緩，輕重緩急之間，薄如蟬翼的腐皮瞬間卸下武裝，輕柔的包住了一份美味。

跨年之際，天氣終於冷到可以大吃火鍋。在我家，吃火鍋總少不了它，別人家的火鍋可能滿載各種山珍海味，但我家有時卻獨獨喜歡以它這一味做主角。

說它是一味，其實它並非單單一味，複雜中相互碰撞的是豬肉的鮮甜與蔬菜的清甜，然而最深得我心的是，它最後釋放在火鍋湯中的味

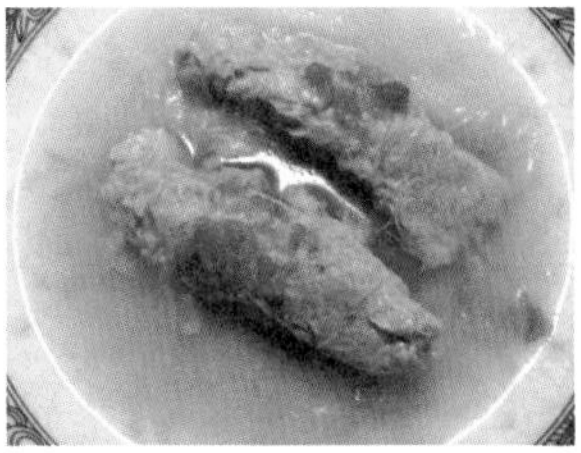

●蒸好的腐皮捲原就可以上桌入口，不過火鍋裡走一回，然後沾蘿蔔泥醬汁吃，滋味更無窮。

道，一股淡淡的豆奶味，淡淡的豆香越喝越濃，所有齒間複雜的味道都化作一碗冬天早晨豆漿的焦香，一道暖暖的清香。

它到底是什麼呢？它就是人們所謂的「腐皮捲」。記憶裡，小時候的餐桌上也有它的影子，那時它總是被炸得酥酥脆脆，當成雞捲的替代品，也就是沒有豬網油時，就由它包裹餡料炸成「豆皮雞捲」。誰知好久好久以後，母親竟將它拿來蒸，結果蒸出了大大一盤的「腐皮捲」，讓我們的舌尖都為之一震，口不知不覺跟著越動越順。有一次，不經意將冷掉的腐皮捲丟入火鍋中，沒想到熱熱的湯，將腐皮捲整個潛力都激發出來，火鍋裡的它，更讓我的口停不下來。

到底我家的「腐皮捲」如何從「雞捲」變身而來？以前我總認為這是母親從「秀蘭小吃」的江浙廚房走一遭所帶回來的轉變，但真是如此嗎？腐皮捲不也是港式飲茶裡常見的點心？回味我家餐桌數十年的變化，八〇年代「秀蘭小吃」的工作經驗在母親心中固然無法抹滅，但離開七〇年代的彰化，來到滋味風發、興味雜呈的台北，為了孩子，母親穿過八〇、九〇年代，來到二十一世紀所遭遇的舌尖衝擊也不算少，而這些時代的氣味都讓她那雙手給一點一滴的摸索著。

母親並不知道她做的這道菜有人叫它腐皮捲，而我也是吃了多年，才發現它不就是腐皮捲嘛。但不管它是不是叫「腐皮捲」，那一張原本輕薄脆弱的腐皮（豆皮）一到母親手上，很自然的便走上了捲、蒸、煮的淬鍊之路，在一路吸收了豬肉與蔬菜的清鮮之後，它那原本被濃縮了的黃豆精華，就這樣釋放了出來，那是一種堅強無比的滋味。

而有了這一味之後，我們家的火鍋也越來越單純化，什麼豬肉片、海鮮或市面上販售的火鍋丸子，慢慢的都退到一邊去。往往只靠大白菜、高麗菜、金針菇、蘑菇等等菜蔬就可烘托這一味，成就一鍋的鮮美。最後，如有豆腐、豆皮、百葉等腐皮兄弟的相助，那就更能催化這一鍋火鍋的火力。

元旦這天，天氣冷颼颼，母親一大早就開始準備材料，豬絞肉拌入紅蘿蔔、芹菜、蔥等青蔬做成餡料，再將薄薄的腐皮剪成適當大小，放上餡料後，小心翼翼的捲成一捲一捲的「腐皮捲」。這看似簡單的動作，在母親的手中做來，卻有著一種歲月的力道，如輕又重，似急猶緩，輕重緩急之間，薄如蟬翼的腐皮瞬間卸下武裝，輕柔的包住了一份美味，而這份美味最後就化在我家今年元旦的火鍋裡，溶成一種堅強無比的母親味道。

在寒冷的冬日裡，吃著這樣的「腐皮捲」，我想，它還是不同於港式飲茶裡的「腐皮捲」。

母親的手路

腐皮捲的內餡與外皮

腐皮捲的餡料，在我家雖以豬絞肉為主角，但荸薺、筍子和紅蘿蔔等青蔬也少不了，有時還會出現洋蔥。當然魚漿也是必備的，不過量不宜多，多了口感會變硬，吃起來像丸仔。

餡料準備好，腐皮上場，如果放久有點乾，可稍用溼布擦拭，讓它變柔軟，捲起來較順手。捲前以剪刀將腐皮裁成適當大小也是不可少的步驟。捲好，蒸熟，腐皮捲即可現吃，吃剩的可收在冰箱的冷凍庫，要吃時再下到熱湯或火鍋裡。

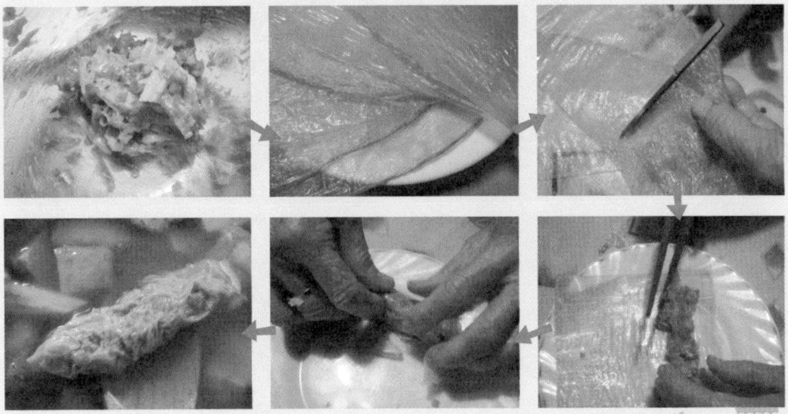

十三年的「可樂餅」。

白酒、起士粉和起士，
曾是我家廚房裡遙不可及的食材，
幾時它們乘著時代的浪潮而來，
隨著歲月的演進豐富了我們的口感，
也造就了我家經典版的可樂餅與種種「曇花一現」的口味，
讓可樂餅一晃眼在我家餐桌存在了十三年。

剛開始做它時，它並不叫「可樂餅」，我的那本小書稱它為「炸馬鈴薯丸」，而我告訴人家說它叫「薯餅」，不是麥當勞早餐的那種「薯餅」喔！可是，突然之間，我發現大街小巷的人都叫它「可樂餅」，原來十年、十幾年過去了。

如果要追溯我那本小書《油

●在時間的淬鍊中，我家經典版的可樂餅終於誕生。

炸佳餚一百種》的歷史那可驚人，民國六十九年八月二十日初版，當時我在讀高中嗎？總之，那本書是我上大學以後，在台北火車站對面的一棟大樓裡（應該是現在kmall的位置吧），一家叫「出版家」的書店買到的，翻譯自日本「主婦之友社」出版的食譜。

為什麼會買了它？雖說早已不復記憶，但循著時光的隧道，卻依稀有脈絡可尋。那時「麥當勞」尚未來台，不過就在買書那棟大樓的對面，已有人搶先掛起一字之差的「麥當『樂』」招牌販賣著美式速食，一種屬於西方食物的想像正在萌芽。而那本日文翻譯小書，從一個日文書被禁且講不了版權的時代突圍，說是油炸佳餚卻是以和風包藏洋魂的食物，呼應著街頭吹起的異國風，難免讓一些想換點口味過新生活的人動了心。也許就在那種心情的鼓動下，我，一個剛從彰化來到繁華都市，對未來人生滋味充滿好奇的大學新鮮人，立刻掏出口袋裡有限的錢買了它。

誰知買來一放，十多年過去，我竟然從來沒有照著書中的作法實地演練過任何一道菜。直到大學畢業，在職場工作幾年後，與友人合開了一家小小「雜貨」店，為了張羅開張那天可以填飽來客肚子的食物，我絞盡腦汁，終於讓那本小書從家中一堆舊書中重見天日，是啊！就用它，炸馬鈴薯丸！

小書派上用場，時代卻來到了九〇年代，此時，日本出版品在台已解禁，新一代的哈日風正要颳起，而麥當樂的招牌早已卸下，麥當勞來台則快十年了！麥當勞早餐「薯餅」的名字，很自然被我借用套在炸馬鈴薯丸身上，反正它們都是以馬鈴薯為主角。

而我到底怎麼開始照書演練，實在記不清了，更談不上記得做出來的味道，只知當時我將書中混入馬鈴薯泥的豬肉換成雞肉，從此開啟我的「可樂餅」製作歷史。往後每當朋友或同事聚會時，我會事先在家做好，帶著它去參加。然後慢慢演變成，朋友們來家裡就會點名要吃它，而點著點著，它終於從「薯餅」變成了「可樂餅」。

上個星期天，我一時興起，雖沒約客人，卻自個兒做起來。姪子與姪女

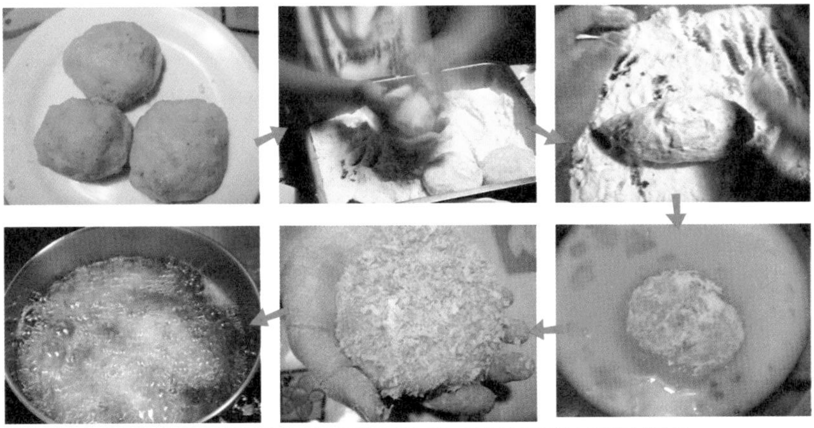

●哥哥捏成的馬鈴薯泥團，由妹妹沾麵粉、蛋液和麵包粉，最後姑姑再將之下到油鍋炸熟。

也興致勃勃加入廚房的戰局。事後，我在小姪女的生活日記裡，看她寫著：「……其實可樂餅都是客人來才會做，但今天沒有客人我們卻在做，這樣算很難得。」原來，在小女孩的心中，做可樂餅已成家中宴客時的一項重要儀式。

馬鈴薯煮熟去皮壓成泥，切丁的洋蔥與雞肉炒熟後，拌入馬鈴薯泥中，捏成想要的餅狀，然後依序在麵粉、蛋液中滾過，沾上麵包粉，下油鍋炸成金黃色即可盛盤上桌。對於這一連串的步驟，小女孩早已耳熟能詳，小手也能擔起滾麵粉、蛋液和沾麵包粉的精雕工作。而長她四歲的哥哥則在生產線的前端，將拌好料的馬鈴薯泥捏成一團一團的，可樂餅就這樣在我們大手接小手的接力賽中成形了。

算一算，可樂餅在我家的年紀竟然比今年七月滿十二歲的哥哥還大。早年，它只以雞肉口味出現，而且剛開始我總將雞肉剁得細細碎碎，逐漸的絞肉變成

●八〇年代購買的這本小書，是我的可樂餅啟蒙。

肉丁，口感更足了，而有次不經意以白酒醃雞肉丁，竟帶來了意想不到的風味，最後馬鈴薯泥以起士粉調味，薯泥中再包入一塊起士，終於飽滿成為今日我家可樂餅的經典版。

白酒、起士粉和起士，在購買小書的那個年代，都是我家廚房裡遙不可及的食材，幾時它們乘著時代的浪潮而來，隨著歲月的演進豐富了我們的口感，也造就了我家經典版的可樂餅，而就在那經典的回味裡挑戰的野心被養成了。奶油玉米是為了迎合小孩的胃而誕生，椒麻雞肉是中國重慶遠遊後的產物，咖哩青蔬是為茹素的友人而做，至於牛奶地瓜則來自日本電視節目「電視冠軍」的啟發，挑戰似乎沒完沒了……，每次的口味都是如此的曇花一現，是的，就是這種被時代歷練出來的曇花一現，讓經典版的可樂餅出現在我家餐桌，讓可樂餅一晃眼在我家餐桌存在了十三年。

女兒的手路

不同口味的可樂餅

我家經典版可樂餅的主要材料有：馬鈴薯鈴泥、起士粉、洋蔥、雞肉、起士塊和少許白酒。馬鈴薯煮熟壓碎趁熱拌入起士粉調味（奶香與鹹味兼具）。雞肉事先切丁，加入洋蔥末、白酒、胡椒粉和少許鹽巴放置一、二個小時後（可置入冰箱中），以適量的橄欖油炒熟，再拌入調過味的馬鈴薯泥中。

●我家經典版可樂餅

●咖哩青蔬可樂餅

●牛奶地瓜可樂餅

以黃色chedder和白色mozzaerlla起士揉成起士球（塊），馬鈴薯泥包入起士球後，在麵粉中滾過，再裹上蛋汁，最後沾滿麵包粉，即可下油鍋。油鍋溫度以170至180℃最佳（將麵包粉屑丟入油鍋隨即浮上來的熱度）。蛋汁一定要裹均勻，它可在高溫中形成保護膜避免可樂餅炸裂，而由於可樂餅內的材料已熟，表面炸至褐色即可撈起。還有得不時撈除油鍋中的殘屑，以免焦了的屑沾上可樂餅，壞了它那金黃表皮的可口樣。

可樂餅的口味可隨不同的材料變化，毛豆、蘑菇和百頁豆腐可做成青蔬可樂餅，百頁切丁可先以起士粉和胡椒粉調味，然後與洋蔥一起炒熟再拌入馬鈴薯泥中，炒時也可以用咖哩粉調味。還有地瓜蒸熟加入牛奶調味也可當作內餡，與起士球一起包入馬鈴薯泥中，即成半鹹甜的牛奶地瓜可樂餅。

餐桌筆記

可樂餅的身世

可樂餅，日本人稱它為コロッケ（korokke），コロッケ之名係來自法國的croquette，而croquette一字又取自法文croquer，英文crunch之意，意味著croquette吃來會發出嘎吱的響聲，可見是一種炸得極為酥脆的食物，因此，不管是炸肉餅、炸魚餅或炸馬薯丸都可說是一種croquette。

十九世紀末，明治維新中期，croquette傳入日本，經過大約二、三十年的傳播，到了一九二〇年代的大正年間它已走入一般庶民的家庭，至今它更與拉麵、咖哩飯並列為日本三大外來國民美食。做為外來食物，可樂餅得以深入日本的民間，在於它選取了極具親和力的馬鈴薯來挑大樑，即將煮熟的馬鈴薯壓成泥混入肉和蔬菜，然後沾上麵粉、蛋液再裹上麵包屑酥炸而成。當然日本的可樂餅也保留了一種西方常見的奶汁可樂餅，即以海鮮如蝦、蟹等為材料，加入用奶油和麵粉煮成的白醬中，冷卻定形後再沾粉油炸。

croquette，這種最早由法國傳出的佳餚，在荷蘭也有一則傳奇，據說十九世紀，荷蘭人常將吃剩的蔬菜燉肉混入白醬中，待其冷卻後仿croquette的作法將其炸成所謂的kroket。而kroket的名稱由來，據稱是荷蘭境內的法國人給的，二次世界大戰以後，供應商大量製作添加牛肉的kroket販賣，從此croquette以kroket之名在荷蘭風行起來，背負著剩菜之名的kroket已走入歷史，取而代之的是荷蘭都市居民少不了的速食。

荷蘭的kroket，讓我想起台灣廚房裡那「多」捲出來的雞捲，它們都經過最底層的廚房歷練，帶著化腐朽為神奇的力量將剩餘的食材或剩菜化為佳餚。今天的croquette不只出現在日本與荷蘭，幾乎世界各地都找得到它。而台灣經由日本的コロッケ認識了croquette，也給了它「可樂餅」的名稱，「可樂餅」，可以帶給人快樂的餅，真是炸馬鈴薯丸最貼切最傳神的名字。

●源自法國，經荷蘭和日本的發揚光大，croquette 由kroket和コロッケ（korokke）變身為炸馬鈴薯丸與薯餅，最後終於成為我家餐桌上的可樂餅。

在地味的義大利麵。

哇！這義大利麵真是了得，
從那蛋黃染稠的牛肉湯汁浮了上來，
帶著充滿力道的氣勢，讓我的唇齒不禁也回以相同的節奏，
一種緩而有勁的旋律慢慢的流瀉，
義大利麵條蘊含的麥香完全被釋放了，
釋放在蔥薑味烘托的華麗牛肉湯裡。

那天黃昏，面對前一天沒有吃完的一大鍋牛肉，心想晚餐就來碗牛肉麵吧！想著想著就翻箱倒櫃的找麵條，一包義大利麵剛好出現在眼前，義大利麵配我家餐桌本土味的牛肉湯，配得來嗎？嗯，那就來試試吧！

狐疑中靈光這麼一閃，水滾了，一把義大利麵就下了。一旁熱鍋裡的牛肉熱烈的附和著。麵條熟了，碗中，幾朵水煮的綠色花椰菜，就擺在它上頭，牛肉伴著湯汁大瓢而下，紅、白蘿蔔大塊點綴，最後，心血來潮，一顆水煮蛋上來了！半熟的白色水煮蛋晃動著黃色

馬鈴薯義大利麵

蘑菇義大利麵

海鮮番茄義大利麵

的蛋汁，看得人心也晃動不已，好想趕快動筷喔！

哇！這義大利麵真是了得，從那蛋黃染稠的牛肉湯汁浮了上來，帶著充滿力道的氣勢，讓我的唇齒不禁也回以相同的節奏，一種緩而有勁的旋律慢慢的流瀉，義大利麵條蘊含的麥香完全被釋放了，釋放在濃濃的牛肉湯汁裡。啊！原來這來自義大利的麵條與我家餐桌的這碗牛肉湯這麼合得來！

記得十多年前，甚至二十年前，從第四台的電視節目，看見西方人士或者日本人優雅的煮著義大利麵，忍不住也在自家的廚房裡如法炮製起來，但那種人家所謂煮到al dente的彈牙美味，到了我家這一張張吃慣柔軟麵條的口，卻被折磨成一種半生不熟而令人難以下嚥的味覺經驗。

如今多少年過去，我慢慢理解義大利麵裡的杜蘭小麥（durum，拉丁語的意思就是硬）有著所有小麥中最硬的質地，家人們的牙齒也漸漸適應它的硬勁，終於可以享受它所帶來的「彈牙」之樂。尤其是媽媽更樂此不疲，她常常在廚房裡演練一道又一道的義大利麵。

●過年期間，將吃剩的中式紅燒大蝦變身成一道可口的義大利通心粉（macaroni）。當然平日也可以利用新鮮的蛤蜊和小管，來道番茄海鮮義大利麵。

不過，不管媽媽如何想創出自家口味的義大利麵，背後總有一個無形的守則規範著。每次一想到要煮義大利麵，總要找來洋蔥開場，或以番茄壯聲色，輪到我站上爐火前，更不忘讓橄欖油也登場，有時，最後還要請來起士粉，讓它揮灑一番。好像缺少了這些角色，義大利麵就不成義大利麵。

此番這碗牛肉義大利麵一出場，似乎瞬間讓那無形的守則瓦解了。洋蔥、番茄、橄欖油和起士粉通通隱到角落，在蔥薑味烘托的華麗牛肉湯中，義大利麵竟仍展現了不凡的主角地位，這真是一種令人想像不到的組合。

義大利麵，pasta，泛指義大利境內幾百甚至上千種的麵。在義大利這個國度尚未形成前，它們就以各種不同的形狀、名稱在各地茁壯。地區人民的不同口味想像是它們繁榮的力量，如今它們以pasta之名走入世界各地，依靠的似乎也是這種地方的力量。我家的這一碗牛肉pasta，這一碗牛肉義大利麵好像就潛伏著這種力量。

改天，我好想再燉一鍋牛肉，為的是要再來一碗牛肉義大利麵！

怎麼煮出彈牙的義大利麵

義大利麵好不好吃的關鍵就在麵條是不是煮得剛剛好。水滾了下麵條，再加一點鹽巴，也有人說要加一點橄欖油，然後煮到麵心剩一點白，就剛好可以讓人吃到彈牙的口感，這是我以前從電視或書上學到的。不過，為了要煮到麵心一點白，總要不斷的撈起麵條試吃，後來，我便放棄此法，乖乖的按照包裝盒上的建議，控制煮麵的時間，通常要比指示的時間少個一、二分鐘，以免下一個步驟，與醬料或湯汁拌炒時，讓麵條過爛失去彈性。

不過做義大利涼麵（例如下圖的泡菜青蔬義大利涼麵）時，就得按照建議的時間煮，如果少煮一、二分鐘，麵條起鍋過冷水，會半生不熟而過硬。

當然，像母親這輩的女性做菜從不用計時，煮義大利麵也不例外，既沒有計時，也不管麵心的一點白，反正煮久了，她就掌握到口感，知道何時該起鍋。

解嚴中誕生的義大利麵

一九八七年台灣解嚴，一九九三年有線電視合法化。不過，早在解嚴前，有線電視即以非法第四台的形式偷偷介入許多台灣家庭的生活。走過日治時代的父母，被禁錮了數十年的心終於在綠色的台灣批判言論裡得到紓解，而伴著這些前進的思潮，一些來自西方的廚師透過日本NHK或其他歐美頻道，也將其置身在窗外花草環繞的廚房所煮出來的佳餚，放送到父母的眼前，而我也被這些有男有女的生活大師吸引了，特別是看著他們以優雅而輕鬆的身段煮著義大利麵，不禁想如法炮製，於是在那個台灣街頭的義大利麵店仍猶如鳳毛麟角般稀少的年代，我家這個閩南廚房便開始飄起橄欖油的香味，裹著鮮紅番茄醬汁的義大利麵跟著也上桌了。

起初，媽媽對這種口感與口味完全不同於台灣麵條的義大利麵很不以為然，她總是在一旁觀望，既不動手也不動口。好多年過去，一九九〇年代中期，有一回，哥哥從美國返台休假，從他的行囊掏出了一罐義大利香料，媽媽看著我用她從未見過的香料煮義大利麵，心不禁癢了起來，不僅動口吃了麵，還在廚房動起手來。

啊！原來九層塔就是義大利香料的一種，而用小火讓蒜頭在橄欖油中慢慢釋出香氣、讓洋蔥一點一滴的收斂起烈性展現出它柔甜的一面，這番溫吞的姿勢完全有別於她過往爆香蔥、薑、蒜時的大火氣焰。對於義大利人所謂麵要煮到彈牙的要求雖不知，但漸漸的媽媽也掌握到義大利麵的嚼勁，末了，在麵要起鍋時擠上一顆的檸檬。這一手，讓整盤的義大利麵在檸檬的清香中起著讓人百吃不厭的魔力。

一九九八年，台灣已漸漸被世界的市場納入，遠東百貨公司為了行銷義大利老牌的Barilla義大利麵，以慶祝母親節的名義舉行了義大利麵的烹飪比賽，我一時興起找了媽媽一起參賽，沒想到我在第一輪即被刷掉，而媽媽卻晉級到全國的總決賽，最後還抱回了一個特別獎。是的，在十年前義大利麵剛要在台灣的大街小巷風行之際，一個六十多歲的台灣媽媽竟煮出了一種義大利媽媽的家常味道，讓評審大為讚賞。

至今十年又過去，義大利麵已成我家廚房裡的常備麵條之一，於是一把義大利麵在手，只要有洋蔥、番茄或番茄糊，媽媽可以就手邊的材料變化出青蔬、海鮮或雞肉等各種口味的義大利麵，義大利麵儼然成為我家餐桌上的一道「家常麵」。

●自從九層塔與番茄以洋味的食物重新上了我家的餐桌，義大利麵在我家也多樣化起來，偶爾讓人也想試試高難度的千層麵。聽說千層麵是義大利麵的始祖。

我的「莎莎醬」。

沾醬裡的辣椒雖原產自美洲大陸，
但走過曲折的時光隧道，穿透我記憶中那發光的小玻璃瓶，
已有著完全不同於原鄉的風味，
那風味統合番茄、洋蔥、檸檬和香菜的味道，
讓這些我自小就熟悉的滋味從此煥然一新成我的莎莎醬，
一種別人無法複製的風味。

一種出奇不意的攻勢，猛烈到我的舌頭難以想像地驚住了。不過，我還是想再承受一回，而且不只一回，二回、三回，甚至百回、千回我都禁得起。在驚住的剎那，我的腦子裡盡是縷縷甜意在酸酸的旋律中迴盪著，淡淡柔柔地還飄著幽幽的清香。

盤中剛從熱油中浮上來沒有多久的可樂餅，伴著我的舌頭的驚奇之旅，竟然就這樣不知不覺的化為烏有，好一種令人胃口大開的沾醬啊！

洋蔥、番茄、檸檬、辣椒和香菜。一九九〇

年代初，在我還不甚了解墨西哥人也利用這些材料製成了世界聞名的沾醬——莎莎醬（salsa）時，這沾醬就現身在我家的餐桌上。那是一個怎樣的時代，為何每次煮它時，我總會想起一九九二年的那部墨西哥電影《巧克力情人》（Like Water for Chocolate），女主角蒂塔的眼淚滴落在她煮的菜餚，讓來客吃得淚流不止。雖然電影裡好像沒有莎莎醬的蹤影，但女主角的傷心眼淚為菜餚所添加的魔法祕方，彷彿也注入做為觀眾的我的身上，讓我冥冥中煮出神似「莎莎醬」的醬。

當吃東西不再只是求溫飽，還是一種心情的表達時，舌頭「大開眼界」的時代也來了，洋蔥與番茄在我家餐桌自不再只以炒蛋的土樣出現，它們搖身一變成為義大利麵裡的要角。而原本被我討厭的九層塔竟有洋化的名字Basil，為何當它成為義大利媽媽廚房裡不可或缺的香料，被撒進義大利麵時，就可以為我所接受？面對這種種的驚異，我的舌頭固守的舊防線被突破了，嚐新的念頭一一湧現……

有一回，準備中秋節烤肉醃肉時，我將用慣了的蔥薑和醬油丟到一旁，抓來大把大把切碎的洋蔥末，豪邁的擠了檸檬，最後還淋上白酒。在期待烤出來的雞肉別有一番風味時，我望著覆蓋在醃肉上的大量洋蔥末，心想末了要怎麼處理它們呢？丟了似乎有些可惜，那何不學西方人，連同醃汁將它們熬煮成沾醬？請客菜單上除了烤肉，還有可樂餅，如果有沾醬豈不更好？

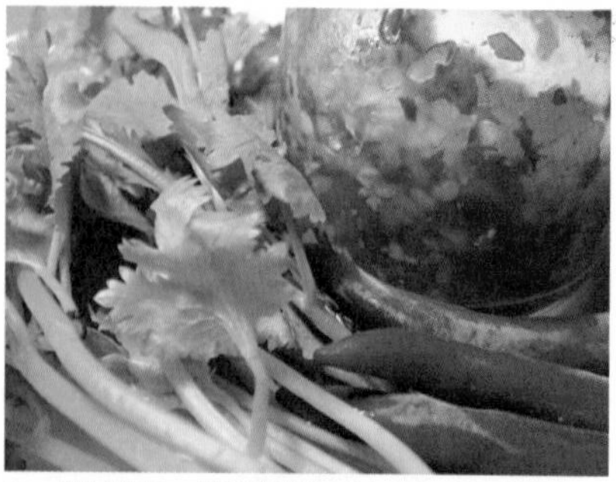

●一罐辣椒醬，蒜頭與辣椒末在白酒的浸漬中散發出誘人的光芒，讓我的莎莎醬辣得更深沉有勁。

就這樣，除了番茄，辣椒也入鍋熬醬，最後清一色的紅，當然要添點綠意吧！綠色的九層塔與洋蔥、番茄的結合有義大利麵經驗的保證，應該可以讓人安心，但偏偏我就想來點不一樣的，眼睛掃過廚房裡的大把香菜，我忐忑不安的放下大把切得細細碎碎的香菜……。啊！我不知在我心中台味十足的香菜竟有如此的味道發展，還與相隔十萬八千里的墨西哥人的味蕾疊合在一起。

不過雖說在某一個點上，味道有了交集，但在香菜幽幽牽動的清香之後，舌頭意外遭逢的火辣挑戰，讓我做出來的這沾醬與日後在外頭嚐到的墨西哥莎莎醬有了分別，而這全拜從腦海閃過的一小罐辣椒醬。

那是一罐擺在一家麵攤桌上的辣椒醬。麵攤就位於一九九三年台北大安森林公園附近的一條巷口。那時，我常出沒於這一帶，夜晚來臨，有時會在麵攤坐下來，以一碗麻醬麵和餛飩湯裹腹。我不是嗜辣的人，我家餐桌也幾乎沒有辣椒呼吸的空間，但麵攤桌上的這罐不知沾染著哪個地方風味的辣椒，卻透過玻璃瓶，在黑夜裡對著我放出魅惑之光，讓我忍不住將它舀進麻醬麵裡，細細紅紅的辣椒末混著碎碎白白的蒜頭末，帶勁的辣在麵中發散著，好似過了一山又一山，那碗麻醬麵跟著就在瞬間被我一掃而光。

那戲劇性的發展藏著讓人又愛又怕的滋味，我知道在辣椒與蒜頭之間一定存在著某種祕密。那天熬醬，想放辣椒時，那祕密便魔幻似的在我心中揭開。我依樣切碎辣椒與蒜頭，然後順手加入白酒，將它們封存在玻璃罐中，大半天的時間探索，就在我不知結果如何時，這順手的動作已讓沾醬的滋味峰迴路轉地令人胃口大開。

辣椒原產於美洲大地，與番茄同樣都是墨西哥人自古以來就熟悉的味道。十五、六世紀，大航海時代啟動以後，辣椒與番茄的味道飄進了歐亞大陸，而歐亞大陸的香菜、洋蔥和檸檬也陸續移入美洲大陸。墨西哥人將舊有與新進的味道熔於一爐，創造屬於自己特有的滋味——莎莎醬（salsa），salsa原為西班牙語的醬汁之意，今天這個外來殖民者的字彙，竟然成為墨西哥飲食的化身。

以前，我從沒有給自己做的沾醬名字，現在我很想叫它莎莎醬。我的莎莎醬裡的辣椒雖原產自美洲大陸，但走過曲

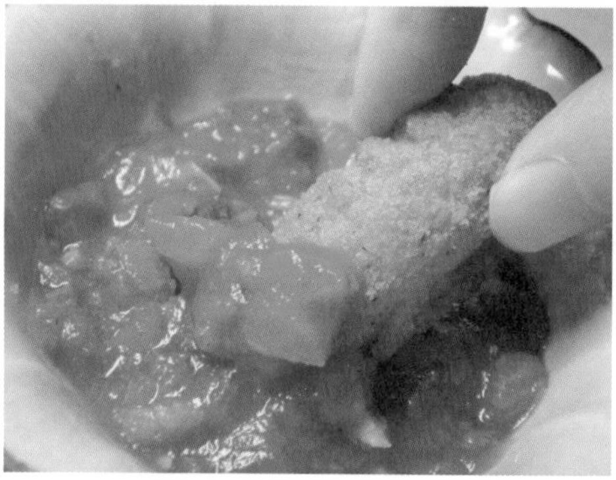

●可樂餅和起士條，這些油炸物有了我的「莎莎醬」相伴，滋味峰迴路轉，讓人的胃口大開難以停下來。

折的時光隧道，穿透我記憶中那罐發光的小小玻璃瓶，已有著完全不同於原鄉的風味，那風味統合番茄、洋蔥、檸檬和香菜的味道，讓這些我自小就熟悉的滋味從此煥然一新成我的莎莎醬。我的莎莎醬有著一種屬於一九九〇年代的我的味道，一種別人無法複製的風味。

前些日子，有位老友要來家裡吃飯，她指名要吃可樂餅，可樂餅當然要沾我的莎莎醬，於是前一晚我就在廚房挑燈夜戰。最艱難的時刻，是當辣椒與蒜頭末在刀口下橫飛時，我那握過辣椒的手指便開始發熱發麻，猶如著魔般，一直到深夜都難於消散。這時電影《巧克力情人》女主角落淚做菜的影像也會再度從我的腦海中浮現，幾乎每做一次莎莎醬，我都要著一次魔，如此一次又一次，我的莎莎醬好像也著了魔。

老友來了，她沾著我的莎莎醬，一口接一口的吃著可樂餅。從我年輕時魔力不足的沾醬吃到現在，多少年過去了，老友從沒厭倦過，我看她也著了魔，著了我的莎莎醬的魔！

女兒的手路

怎麼做我的「莎莎醬」

早期我的莎莎醬都是利用雞肉的醃料製成的，不過，現在大多是取新鮮材料做成的，首先洋蔥切末，用橄欖油炒過後，加入適量的水煮到洋蔥軟化味道變甜，再加番茄丁續煮。番茄丁可以是新鮮的番茄去皮切成，也可以是罐頭番茄丁，有時我也會以罐頭番茄糊（tomato paste）代替。

煮過的洋蔥和番茄連同湯汁倒入果汁機中打成醬汁，可保留一些不打，讓顆粒狀增加口感，打過的醬汁重新放上爐灶，滾後以糖和鹽巴調味，再放入切過的香菜末，以及蒜頭辣椒醬。以小火將它們的味道催化出來，最後要起鍋前擠上檸檬汁，我的莎莎醬便完成了。

切記香菜要細切，味道才會透，而所謂的蒜頭辣椒醬，乃將蒜頭與辣椒切成末後，以白酒醃個半天而成的。有了它們，莎莎醬香、甜、酸、辣的層次感才會顯現，而冰過的莎莎醬更能傳達這種多層次的味覺經驗。

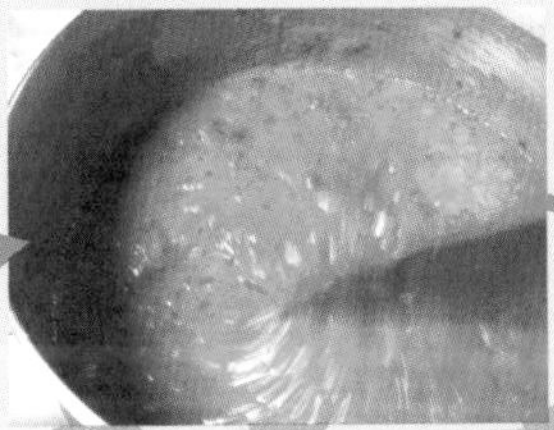

今天還有咖哩飯嗎？

我偷偷撒了一小匙咖哩粉於慢慢被溫熱的油中，
哇！一陣激情瞬間被燃起，黃色沸騰，
切塊的洋蔥、馬鈴薯、紅蘿蔔和帶骨雞肉紛紛躍入其中。
雖然接下來的傾盆清水，似乎澆熄了黃色的激情，
但它已滲入各色食材的肌理，
隨著溶了的咖哩塊化於無形……

每次只要我一煮咖哩飯，念國小四年級的姪女，隔天一定會問我，今天還有咖哩飯嗎？平日胃口很小的她，一遇上我煮的咖哩飯就會展現驚人的食量。當然這不全是因為我的手藝，主要還是靠那一盒從超市買來的咖哩塊。

來自日本的這款咖哩塊バーモントカレー（佛蒙特），標榜採用了美國佛蒙特州的健康配方，結果蘋果與蜂蜜又甘又甜

的味道收斂了咖哩激進的本味，讓姪女不知不覺的越吃越順口。

不過小孩的順口有時在大人的胃裡卻多了點膩味，於是我忍不住在下廚點火時，偷偷撒了一小匙的咖哩粉於慢慢被溫熱的油中，哇！一陣激情瞬間被燃起，黃色沸騰，切塊的洋蔥、馬鈴薯、紅蘿蔔和帶骨的雞肉紛紛躍入其中。雖然接下來的傾盆清水，似乎澆熄了黃色的激情，但事實上它已滲入各色食材的肌理，最後隨著溶了的咖哩塊化於無形。有時興致一來，我還會在途中讓月桂葉也登場，幾片乾了的葉子漂浮在滾動的濃湯上，無形的咖哩本味被歷練得更沉更穩。

咖哩飯上桌了，姪女沒有察覺那無形的咖哩本味，反而胃口更加大開，而原本膩了的我也開始一口接一口的大吃了起來。想想這樣的一道咖哩飯，也花了我好幾年、甚至快十年的光陰才煮出來的。

記憶中，小時候，餐桌上不乏咖哩炒飯，但咖哩飯就少見了，即使有也不是現在這副模樣，那時，哪裡找得到咖哩塊，廚房裡擺著的是媽媽從雜貨店買來的一小包黃黃的咖哩粉。只有馬鈴薯與紅蘿蔔那時就在，大火一開，它們被一一請下鍋，咖哩粉裡炒一回，菜熟了，最後以太白粉勾芡，就這樣淺淺薄薄的黃色醬汁往白飯上一淋，咖哩飯便大功告成。

好長一段時間，幾乎占去人生大半以上的歲月，我以為咖哩飯天生如此。一直到一九八〇年代中，大學畢業沒有多久，一位早婚的國中同學偶然跟我聊到，她那受日本教育的公婆很

●炒咖哩粉是我煮咖哩飯時一定有的動作。雖說佛蒙特咖哩塊是我家咖哩飯的主角，但若少了咖哩粉的引領，可能散發不出它那迷人風味。有時炒完料加水燉煮時，我也會來幾片月桂葉，提升香氣。

喜歡到日本旅行，回程的行囊裡一定會放置好多盒佛蒙特咖哩塊，那時我才知有這種滋味的咖哩存在，自小認知的咖哩飯也開始走樣。不，或許應該追溯得更早一點，記得剛上大學時，因為迷戀日本導演大島渚的電影《俘虜》裡的男主角坂本龍一，不懂日文的我，學人家翻起日文雜誌，從那些《non-no》之類的女性流行雜誌，我已嗅到一些端倪。一九九〇年代初，做為衛視中文台日本偶像劇的首批忠實觀眾，我隨著劇中人的生活起伏，認真的「相信」自己之前吃的咖哩飯根本稱不上是咖哩飯，道地的咖哩飯在日本，好想有一天可以到日本吃咖哩飯。

一九九四年的日本行，我終於在東京吃到了夢想中的「咖哩飯」，用麵粉炒出的醬汁確實不同於台灣用太白粉勾的芡，還有其中散發的咖哩味，「濃郁」與「單薄」的對比，讓我吃來內心滿是激動。如今想來，那應該是一種時代的激動，而隨著那份激動擴散開來，佛蒙特咖哩不再是一種昂貴的舶來品，大眾化的超市都看得到它們的身影，我家餐桌上的咖哩飯越來越常見，咖哩醬汁也越來越濃稠，轉眼之間，它就成了眼前這一盤老少通吃的咖哩飯。

那天，上了日文的維基百科網站，沒想到在カレーライス（咖哩飯）的欄目裡發現他們稱我小時候吃的咖哩飯為一種逐漸消逝的古典味。十八世紀末，英國人為了將殖民地印度的味道帶回家，便以印度人常用的多種香料混合創造出咖哩粉。日本明治維新時期，咖哩粉也以西方食物的面貌傳入日本。

當時日本帝國海軍以大英帝國的海軍為師，也學他們吃起加入了咖哩粉的燉物，沒想到最後日本人結合法國人以奶油炒麵粉做醬汁的手法，煮出自成一格的咖哩醬，而這等咖哩醬淋到白米飯上，吃進日本人的口中更是絕配。

十九世紀末，成為日本殖民地的台灣，自然而然地也吹進了這股咖哩風，就像那時許多躲在角落裡的日本家庭，台灣的家庭雖沒有海軍雄厚的軍力，擁有充裕的物資可以煮出典型的咖哩醬，但薄薄的咖哩粉撒進淡淡的太白粉勾芡裡，倒也別有一番想像的風味。戰後，一九五〇年代，日本人將海軍開發的咖哩醬濃縮成咖哩塊，一九六三年，為了讓咖哩普及至小孩子的口中，佛蒙特咖哩問世了。此時，台灣已遠遠隔絕於日本咖哩發展的軌跡，獨自停留在黃色咖哩粉的時代裡。

咖哩粉的時代啊！是啊！距今又是一個遙遠的時代，那是一個姪女所不識的時代，而我卻有幸嚐過那個時代的滋味，下回有機會我想暫時放下咖哩塊，認真的對待那曾被我視為「稱不上是咖哩飯」的咖哩飯。也許有一天，姪女也會愛上那種帶有台灣風格的古典味，然後，大聲對我說，今天還有咖哩飯嗎？

咖哩粉，還有番茄醬

●英國人創造的咖哩粉，到了日本人手中成了咖哩塊，為了迎合小孩的胃口，他們還研發了甜味的咖哩塊，佛蒙特咖哩即是。

Curry（咖哩）一字是英國人統治印度期間創造出來，該字源自印度泰米爾語的kari，原為「醬汁」之意，但英國人借用它來形容印度料理——一種利用各種不同香料煮成的料理，而且為了讓人們在家裡也可以吃到這種料理，英國人還研發了咖哩粉（curry powder）。

印度人使用的香料種類繁多，各地、甚至各家都有不同配方，但英國人卻將它標準化，以薑黃（turmeric）、小茴香（cumin）、胡荽（coriander）、香草（fenugreek）等乾燥的香料研磨而成，其中薑黃所占的比例最大，因而形成了黃色的咖哩粉。十九世紀中葉，英國的食譜便可見加入咖哩粉的料理，而隨著英國人殖民擴張的腳步，咖哩粉的黃色香氣也由歐洲飄到了美洲大陸。

在日本咖哩飯的進化過程中，早在一九〇八年日本海軍發布的「海軍割烹術參考書」登載咖哩飯作法之前，便有兩位來自麻薩諸塞州的美國人將北美的咖哩香傳到了日本，根據文獻記載，一八七二年，擔任北海道開拓使顧問的Horace Capron，在東京事務所用餐時的菜單就有咖哩飯這一味。一八七六年，克拉克

（William Smith Clark）擔任今北海道大學前身札幌農學校的首任校長時，曾要求學生吃麵包，不要吃米飯，除非吃咖哩時才可配飯，而今天日本的咖哩飯裡常出現馬鈴薯，也可能是因為當時米飯不足，在克拉克的要求下加入而形成的吃法。

黃色咖哩粉做為咖哩飯的先驅部隊，於一八七七年出現在札幌農學校的學生宿舍菜單裡。一九〇三年，日本大阪開始有人投入咖哩粉的製造販售。而當時隨著美國人來到日本的，除了黃色的咖哩粉，還有紅色的番茄醬。一九〇八年，日本國內也開始生產番茄醬。

番茄醬，英文ketchup，日文ケチャップ（kechappu），台灣走過日治時期的人也以kechappu稱呼番茄醬。不過，據考ketchup一字，卻可能來自閩南話的koe chiap，從前福建的閩南人以此稱用魚蝦醃成的醬汁。koe chiap後來隨著福建移民傳到了東南亞，在那又被英國水手帶回家成了英文的ketchup，早期ketchup泛指各種不同材料製成的醬汁，十九世紀，番茄製的ketchup成為主流。最後ketchup番茄醬便隨著日本人的殖民腳步，以kechappu之名和咖哩粉一起來到了台灣。一直到戰後，它們都還不時點綴著台灣人的餐桌，成為炒飯時最佳的調味。黃色咖哩炒飯與紅色番茄醬炒飯，是許多台灣五、六年級生永不褪色的童年回憶。

●在台灣提到番茄醬，人們總會想到可果美。成立於一九六七年的台灣可果美公司，是日本可果美株式會社在台的投資，該會社創始者蟹江一太郎正是一九〇八年日本國產番茄醬的催生者。

國家圖書館出版品預行編目資料

島嶼的餐桌：36種台灣滋味的追尋／陳淑華著. -- 初版. -- 台北市：遠流, 2009.12

面； 公分. -- （Taiwan Style；05）

ISBN 978-957-32-6565-8（平裝）

1.飲食 2. 文集

427.07　　98021126

Taiwan Style 05

島嶼的餐桌

36種台灣滋味的追尋

作者／陳淑華

副總編輯／黃靜宜
主編／張詩薇
美術設計／張小珊工作室

發行人／王榮文
出版發行／遠流出版事業股份有限公司
地址／台北市南昌路2段81號6樓
郵撥／0189456-1
電話／2392-6899
傳真／2392-6658
法律顧問／董安丹律師
著作權顧問／蕭雄淋律師
2009年12月1日 初版一刷
2014年3月1日 初版三刷
行政院新聞局局版臺業字第1295號
定價350元 （缺頁或破損的書，請寄回更換）

ISBN 978-957-32-6565-8

YLib.com 遠流博識網 http://www.ylib.com E-mail:ylib@ylib.com